裂缝孔隙型碳酸盐岩挥发性油藏气驱提高采收率理论与技术

赵　伦　许安著　宋　珩　何聪鸽　赵文琪　吴学林　著

石油工业出版社

内 容 提 要

本书系统介绍了裂缝孔隙型碳酸盐岩挥发性油藏气驱开发理论和技术，包括挥发性原油气驱相态特征、气驱混相能力评价、气驱渗流规律、气驱开发效果影响因素及气驱油藏工程方法等内容，并分析了不同类型碳酸盐岩油藏注气开发技术政策。

本书可供从事油藏开发的工程技术人员及高等院校相关专业人员阅读和参考。

图书在版编目(CIP)数据

裂缝孔隙型碳酸盐岩挥发性油藏气驱提高采收率理论
与技术 / 赵伦等著. —北京：石油工业出版社，
2023.1
　ISBN 978-7-5183-5830-4

Ⅰ.①裂… Ⅱ.①赵… Ⅲ.①碳酸盐岩油气藏-气压
驱动-提高采收率-研究 Ⅳ.①TE344

中国版本图书馆 CIP 数据核字(2022)第 257017 号

出版发行：石油工业出版社
　　　　　（北京安定门外安华里 2 区 1 号楼　100011）
　　　　　网　址：www.petropub.com
　　　　　编辑部：（010）64523546　　　图书营销中心：（010）64523633
经　　销：全国新华书店
印　　刷：北京中石油彩色印刷有限责任公司

2023 年 1 月第 1 版　2023 年 1 月第 1 次印刷
787×1092 毫米　开本：1/16　印张：11.75
字数：210 千字

定价：110.00 元
（如出现印装质量问题，我社图书营销中心负责调换）

前言
PREFACE

碳酸盐岩油气藏剩余可采储量约占全球油气剩余可采储量的一半，是全球未来新增动用储量和油气开发的重点领域。碳酸盐岩油藏储集空间十分复杂，孔、缝、洞均有发育，储层非均质性强，给油田开发带来巨大的挑战，是世界级的开发难题。

碳酸盐岩油藏的常规开发方式包括衰竭式开发和注水开发。传统观念认为，碳酸盐岩油藏因裂缝发育，注气比注水更容易发生窜流，注气开发不可行。但事实证明，注气能够有效提高碳酸盐岩油藏采收率，弥补注水开发的不足。注气提高采收率技术包括注烃类气体、CO_2、N_2、烟道气以及空气等混相和非混相技术，已在全世界范围内的碳酸盐岩油藏中得到广泛应用，并获得了良好的开发效果。

本书是笔者在多年从事注气研究和相关文献调研的基础上，对裂缝孔隙型碳酸盐岩挥发性油藏气驱开发理论和技术的系统梳理与全面总结，旨在为从事注气理论研究的学者和油田开发工作者提供参考和借鉴，以期为该类油藏的高效、科学开发提供技术指导。本书共六章，第一章介绍了碳酸盐岩油藏国内外分布状况、碳酸盐岩油藏注气开发技术应用现状和碳酸盐岩油藏注气开发理论研究现状；第二章介绍了挥发性原油组分及物性特征，阐述了注气对挥发性原油组分、物性及相态的影响规律；第三章介绍了气驱混相能力评价方法，在对比不同理论计算方法预测精度的基础上，分析了温度、注入气组成、原油组成等因素对最小混相压力的影响规律；第四章介绍了气驱渗流规律及开发效果影响因素，总结了储层参数及开发参数等对气驱开发效果的影响规律，并明确了各参数对气驱开发效果影响程度排序；第五章介绍了碳酸盐岩油藏气驱开发油藏工程方法，包括气驱全生命周期开发规律分析，注气开发阶段评价方法、注气受效方向确定方法和井间连通能力确定方法等；第六章介绍了异常高压碳酸盐岩油藏和低压力保持水平碳酸盐岩油藏注气开发技术政策。

全书由赵伦组织编写和统稿，第一章由赵伦、宋珩、何聪鸽撰写，第二章由赵伦、宋珩、赵文琪撰写，第三章由赵伦、宋珩、何聪鸽撰写，第四章由赵伦、许安著撰写，第五章由赵伦、许安著、宋珩撰写，第六章由赵伦、许安著、吴学林撰写。

在编写过程中，中国石油勘探开发研究院多位专家参与了资料整理工作，在此表示真挚的谢意！由于水平有限，书中难免存在不足之处，恳请广大读者批评指正。

目 录
CONTENTS

第一章 碳酸盐岩油藏注气开发现状

全球碳酸盐岩油气藏剩余可采储量占总剩余可采储量的一半以上，是未来油气增储上产的重要领域。碳酸盐岩油藏储集空间十分复杂，孔、缝、洞均有发育，储层非均质性强，为油田开发带来巨大的挑战。碳酸盐岩油藏的常规开发方式包括衰竭式开发和注水开发，进入矿场规模化应用的提高采收率技术主要集中在热采、气驱和化学驱三大类，且以注气应用最为普遍。传统观念认为，碳酸盐岩油藏因裂缝发育，注气比注水更容易发生窜流，注气开发不可行，但事实证明，注气能够有效提高裂缝性油藏采收率，弥补注水开发的不足，获得更好的开发效果。围绕碳酸盐岩油藏注气开发，目前国内外学者在气驱油机理、注气混相驱机理、气驱波及规律、注气气窜规律及注气开发调整对策等方面取得了一些研究进展。

第一节 碳酸盐岩油藏国内外分布状况

碳酸盐岩油气储层在世界油气分布中占有重要地位，据统计，世界范围内大型油气田有 877 个，包括 522 个油田，其中碳酸盐岩油田 188 个，占比 34%；气田 355 个，其中碳酸盐岩气田 95 个，占比 26%。与碳酸盐岩油气田数量占比相比，其可采储量占比更高。世界原油可采储量达 $1520.09 \times 10^8 t$，其中碳酸盐岩油田可采储量为 $739.71 \times 10^8 t$，占比 48%；世界天然气可采储量为 $1304.90 \times 10^8 t$ 油当量，其中碳酸盐岩气田可采储量为 $590.63 \times 10^8 t$ 油当量，占比 45%（表 1-1）[1]。碳酸盐岩油藏单井产量普遍较高，历史上日产量达到万吨级别的油井一共仅有 9 口，其中 8 口来自碳酸盐岩油藏。

表 1-1 世界大油田储层岩性特征

储层岩性	油田		气田	
	数量/个	可采储量/(10^8t)	数量/个	可采储量/(10^8t 油当量)
碳酸盐岩	188	739.71	95	590.63
碎屑岩	320	767.30	252	707.08
其他	14	13.08	8	7.19
合计	522	1520.09	355	1304.90

碳酸盐岩储层分布广泛，在中东波斯湾盆地、墨西哥湾盆地、锡尔特盆地、西西伯利亚盆地、滨里海盆地、美国阿拉斯加北坡及二叠盆地等均有分布。中国四川、塔里木、鄂尔多斯及渤海湾等盆地也广泛分布着碳酸盐岩油气藏，蕴含油气资源当量超过 $60×10^8t$。其中，塔里木盆地的缝洞型油气藏比较特殊，主要表现在储集空间多样、流体分布复杂、储层非均质性极强等方面，以塔河、哈拉哈塘等油田及塔中 I 号、轮古东等气田较为典型。

第二节　碳酸盐岩油藏注气开发技术应用现状

一、碳酸盐岩油藏注气概况

世界碳酸盐岩油藏采用注气开发的项目共有 95 个，其中注 CO_2 开发的项目 60 个，占比 67%；注烃类气体开发的项目 12 个，占比 21%；注空气火烧油层开发的项目 7 个；注 N_2 开发的项目 14 个，注酸气开发的项目 2 个，绝大部分取得良好效果（表1-2）。

表1-2　美国《油气杂志》统计碳酸盐岩油藏注气情况

国家	注气开发项目数量/个				
	注 CO_2 [气水交替注入（WAG）/连续气驱]	注烃类气体	注 N_2 （混相/非混相）	注酸气	注空气
美国	59	8	13		7
加拿大		1		1	
土耳其	1				
墨西哥			1		
卡塔尔		1			
挪威		1			
哈萨克斯坦				1	
阿曼		1			
合计	60	12	14	2	7

二、碳酸盐岩油藏注气适用性分析

对全球注气开发碳酸盐岩油藏的地质油藏特征统计显示，注 CO_2、烃类气体和 N_2 开发的油藏埋深、储层渗透率、油藏温度、原油饱和度、原油黏度等参数不尽相同。

1. 油藏埋深

要实现混相驱替，需要油藏地层压力大于最小混相压力，因此对地层深度有一定要求。理论上分析，不同类型的注入气最小混相压力不同，其中 CO_2 驱需要的混相压力最低，烃类气体驱需要的混相压力相对较高，氮气驱所要求的混相压力最高。图 1-1、图 1-2 和图 1-3 分别为采用注 CO_2、烃类气体和 N_2 的碳酸盐岩油藏埋深的分布规律统计，其中采用 CO_2 驱的碳酸盐岩油藏埋深主要分布在 610~2000m，而且主要是混相驱；采用烃类气体驱的碳酸盐岩油藏埋深主要分布在 1500~2000m 及 2500~3000m；采用氮气驱的碳酸盐岩油藏的埋深大于 4000m。即三种注气类型中采用 CO_2 驱的油藏地层压力最低，采用氮气驱的油藏地层压力最大，与理论分析一致。

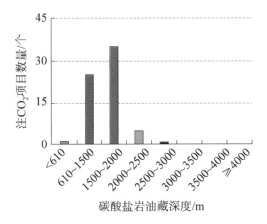

图 1-1　开展注 CO_2 项目的
碳酸盐岩油藏埋深分布

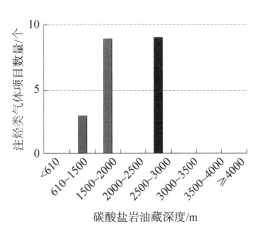

图 1-2　开展注烃类气体项目的
碳酸盐岩油藏埋深分布

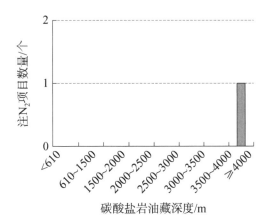

图 1-3　开展注 N_2 项目的碳酸盐岩油藏埋深分布

2. 储层渗透率

不同类型注入气导致碳酸盐岩油藏的储层渗透率有所不同，注 CO_2 开发的碳酸盐岩油藏储层渗透率分布在 1~10mD 及 10~50mD 范围内（图1-4）；注烃类气体开发的碳酸盐岩油藏储层渗透率主要分布在 50mD 以上（图1-5）；注氮气开发的碳酸盐岩油藏很少，储层渗透率主要分布在 10~50mD 范围内（图1-6）。

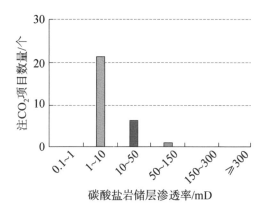

图1-4　注 CO_2 项目的碳酸盐岩
　　　　储层渗透率分布

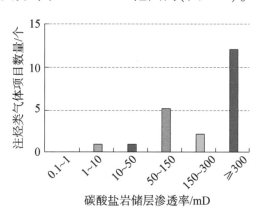

图1-5　注烃类气体项目的碳酸盐岩
　　　　储层渗透率分布

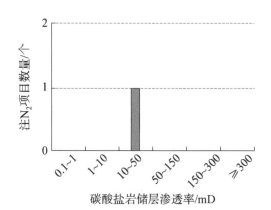

图1-6　注 N_2 项目的碳酸盐岩储层渗透率分布

3. 油藏温度

最小混相压力（MMP）通常随油藏温度的升高而升高，说明油藏温度过高对注气开发实现混相驱油不利。图1-7、图1-8 和图1-9 分别为采用注 CO_2、烃类气体和 N_2 的碳酸盐岩油藏温度的分布统计，其中注 CO_2 开发的油藏温度主要分布在 30~60℃，注烃类气体开发的油藏温度主要分布在 60~120℃，注 N_2 开发的油藏温度大于120℃。

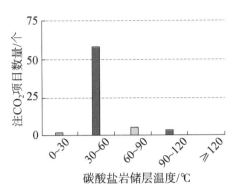

图 1-7 注 CO_2 开发的碳酸盐岩
油藏温度分布

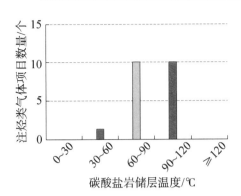

图 1-8 注烃类气体开发的碳酸盐岩
油藏温度分布

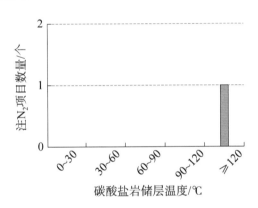

图 1-9 注 N_2 开发的碳酸盐岩油藏温度分布

4. 原油饱和度

图 1-10 和图 1-11 分别为采用注 CO_2 和烃类气体碳酸盐岩油藏的初始含油饱和度分布统计。近十年来,世界范围内实施注气的碳酸盐岩油藏中,采用注 CO_2 开发油藏的初始含油饱和度取值范围为 30%~60%,注烃类气体开发油藏的初始含油饱和度取值范围为 30%~90%,注 N_2 开发油藏缺乏数据未统计。

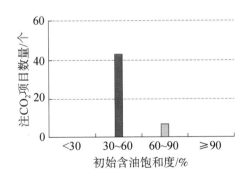

图 1-10 注 CO_2 项目碳酸盐岩
油藏初始含油饱和度分布

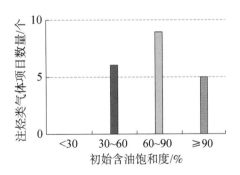

图 1-11 注烃类气体项目碳酸盐岩
油藏初始含油饱和度分布

5. 原油黏度

图 1-12、图 1-13 和图 1-14 分别为采用注 CO_2、烃类气体和 N_2 碳酸盐岩油藏的原油黏度分布统计。采用注 CO_2 开发油藏的原油黏度普遍大于 0.80mPa·s，注烃类气体开发油藏的原油黏度普遍小于 0.80mPa·s，注 N_2 开发油藏的原油黏度普遍小于 0.40mPa·s。

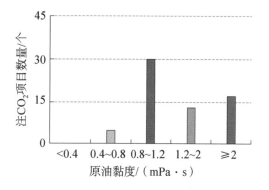

图 1-12　注 CO_2 开发的碳酸盐岩油藏原油黏度分布

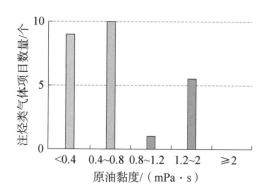

图 1-13　注烃类气体开发的碳酸盐岩油藏原油黏度分布

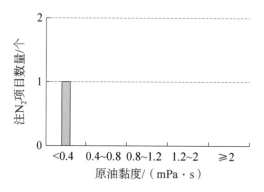

图 1-14　注 N_2 开发的碳酸盐岩油藏原油黏度分布

三、碳酸盐岩油藏注气开发实例

1. 加拿大 Zama 油田注酸气开发

加拿大 Zama 油田是目前注酸气开发较成功的案例，油藏储层孔隙度为 10%，渗透率为 100~1000mD，地层压力为 14MPa，油藏温度为 71℃，原始含水饱和度为 15%，地层原油体积系数为 1.183，泡点压力为 8.791MPa，原油 API 度为 35.2°API。该油田从 1995 年 3 月开始采用顶部注气重力辅助混相驱，注入气组分为 40% 的 H_2S 和 60% 的 CO_2，注气提高采收率幅度可达 10%~15%。

2. 加拿大 Bigoray 油田注烃气开发

加拿大 Bigoray 油田为轻质挥发性油藏，储层渗透率为 0.03~850mD，原始地层压力大于 46MPa，油藏温度为 65.5℃，原油密度为 0.8g/cm³，原油气油比（GOR）范围为 140~420m³/m³。该油藏储层具有孔、缝、洞三重孔隙介质，裂缝及溶洞发育且互相连通，注水开发后水淹现象严重，进而在 M1—M6 井区转注富烃类气体混相驱开发，预计最终采收率可达 60%（图 1-15）。

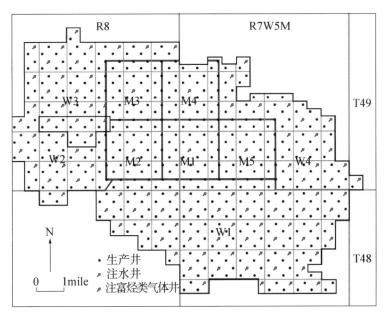

图 1-15　Bigoray 油田井位分布图

1mile=1609.344m

3. 挪威北海 Ekofisk 油藏注干气开发

Ekofisk 油田位于北海中央地陷，水深 230ft[❶]，是 1969 年发现的北海第一个具有开发价值的油田，于 1971 年试采，1974 年全面投入开发。该油藏属于挥发性、未饱和油藏，储层孔隙度为 0.25~0.4，储层基质渗透率为 0.1~5mD，裂缝发育处的储层渗透率为 100~150mD，原始地层压力为 49.2MPa，泡点压力为 39.9MPa，油藏温度为 131℃，原油 API 度为 36°API，原油 GOR 为 272m³/m³。该油藏于 1975 年实施注烃气开发，注气时的地层压力已降至 39.3MPa，1979 年转注干气开发，采用从顶部注入形成次生气顶的开发方式，注气提高采收率幅度为 2%~3%。

4. 美国 Means 区块 WAG 注气开发

美国 Means 区块为裂缝发育的碳酸盐岩油藏，储层平均孔隙度为 9%~

❶　1ft=30.48cm。

7

25%，平均渗透率为 20~1000mD，原始地层压力为 12.8MPa，泡点压力为2.1MPa，原油黏度为 6mPa·s。经历衰竭和注水开发后，转注 CO_2—WAG 开发，注采比为 2∶1。毛细管实验确定的最小混相压力为 12.8~15.9MPa，受井底破裂压力限制，实际注入压力为 15.9MPa。注气基本达到混相，注气采收率提高 16.6%（图 1-16）。

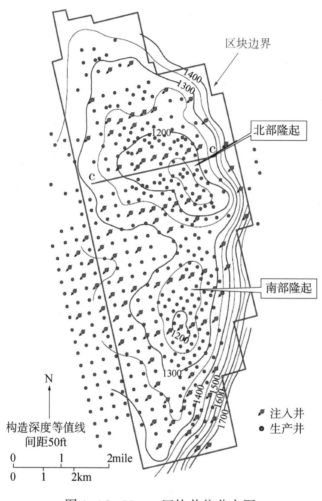

图 1-16　Means 区块井位分布图

5. 墨西哥 Akal 海上油田注 N_2 开发

墨西哥 Akal 海上油田为具有大量溶洞及裂缝的特大型海上带气顶未饱和碳酸盐岩油藏，储层孔隙度为 7%~25%，渗透率为 0.3~5000mD，原始地层压力为 27MPa。1997 年利用 7 口井实施注 N_2 开发试验，通过气顶注 N_2 补充地层能量，2000 年全面实施，日注气量 $3400×10^4m^3$。注气开发后产油量快速上升，2004 年注 N_2 贡献约 30% 的产油量。注气井位分布图和日产油量曲线如图 1-17 和图 1-18 所示。

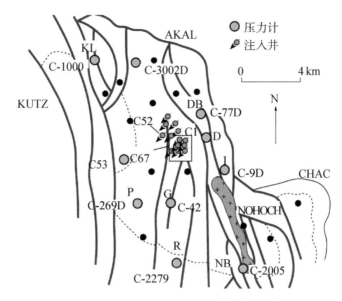

图 1-17 Akal 油田注气井位分布图

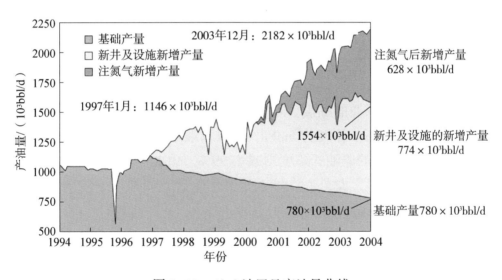

图 1-18 Akal 油田日产油量曲线

6. 美国 Buffalo 油田注空气开发

Buffalo 油田位于美国 Williston 盆地西南侧,目的层为奥陶系 Red River B 层,为含白云岩夹层的碳酸盐岩油藏。油藏中部深度 2550m,地层倾角 2°~3°,储层孔隙度为 13%~20%,渗透率为 1~20mD,地层温度 105℃,油层平均厚度 4.5m,地下原油黏度为 2.4mPa·s,气油比为 20m³/m³,含水饱和度为 45%~50%,为低含油饱和度碳酸盐岩油藏。Buffalo 油田初期采用衰竭式开发,地层压力下降迅速,开发 25 年累计产油 32.9×10⁴t,阶段采出程度仅 2%。1978 年转注空气开发,以反五点注采井网为主,井距 700~1000m。注空气开发后地层压力迅速提升，截至 2020 年 4 月，注气阶段累计产油 398.4×10⁴t，采出程度提高 19 个百分点。

<h2 style="text-align:center">第三节　碳酸盐岩油藏注气开发理论研究现状</h2>

一、气驱油机理

国内外目前对注气开发的驱油机理研究相对比较成熟，不同气体在不同条件下对不同成分原油的作用机理略有不同。

1. 注 CO_2 驱油机理

CO_2 驱除了具备一般气驱所具有的驱替机理，还具有因 CO_2 本身易溶于油和水的物理化学特性所带来的一些特殊驱替机理。在 CO_2 混相驱过程中，CO_2 主要通过萃取和汽化原油中的轻质组分和较重质组分，从而实现降低界面张力，达到提高采收率的目的。CO_2 非混相驱过程中，CO_2 溶解于原油，可使原油体积膨胀和黏度降低，为驱油提供动能，提高驱油效率；同时 CO_2 溶于水，使水的黏度增大，改善油水流度比，扩大水驱波及面积。具体驱油机理如下：

（1）降低原油黏度。当 CO_2 溶解于原油时，原油黏度显著下降，下降幅度取决于压力、温度和原油的黏度大小。一般来说，原油黏度越大，饱和 CO_2 后黏度降低的比例也越高。黏度为 5mPa·s 的原油饱和 CO_2 后，黏度减小 90%，而黏度为 1000mPa·s 的原油，黏度则减小 99%。由此可见，CO_2 驱对中质和重质油的降黏作用更明显。此外，在原油饱和 CO_2 后，如果进一步增加压力，由于压缩作用，原油黏度将会增加。

（2）原油体积膨胀。CO_2 溶于原油，使原油体积膨胀，根据压力、温度和原油组分的不同，可使原油体积增加 10%~100%，从而增加液体内的动能，提高驱油效率。

（3）萃取和汽化原油中轻质和较重质组分。当压力超过一定值时，CO_2 能够萃取和汽化原油中的轻质和较重质组分。Mikael 和 Palmer 对路易斯安那州 SU 油藏 64 号井的产出物进行了 CO_2 混相驱油分析，该井注 CO_2 之前，地面原油密度为 0.8398g/cm³，注入 CO_2 后，初期产出油平均密度为 0.7587g/cm³，后期产出油密度逐渐上升，增至 0.8155g/cm³，这说明 CO_2 首先萃取和汽化原油中的轻质组分，随后较重质组分被汽化产出，最后达到稳定。

（4）降低界面张力。大多数油藏的油水界面张力为 10~20mN/m，实验结果表明，残余油饱和度随着油水界面张力的降低而减小。要想使残余油饱和度趋向于零，必须使油水界面张力降低到 0.001mN/m 或更低，且当界面张力下降到 0.04mN/m 以下，油藏采收率会明显提高。CO_2 驱油过程中通过萃取和汽化使大量的轻烃与 CO_2 混合，大幅降低油水界面张力和残余油饱和度，从而提高原油采收率。

对于孔隙型和裂缝—孔隙型碳酸盐岩油藏，混相驱是注 CO_2 提高采收率的主要机理。对于缝洞型碳酸盐岩油藏，注 CO_2 还具有特殊的"等密度"驱油机理及油水差异化溶解控水机理。在塔里木盆地缝洞型碳酸盐岩油藏中，油藏条件下 CO_2 的密度为 0.79g/cm³，与原油密度（0.86g/cm³）相近，缝洞型储层 CO_2 驱油可视化物理模拟显示，CO_2 在缝洞内具有特殊的"等密度"驱油机理，避免出现因气、水重力分异导致"气走上部气道，水走下部水道，中部剩余油难以驱扫"的难题。鉴于塔里木盆地缝洞型碳酸盐岩油藏的温度及地层压力较高（120℃和 60MPa），CO_2 在油水中的溶解性差异较大，CO_2 在地层水中的溶解度是在原油中的 4 倍。同时，原油溶解 CO_2 后原油黏度会明显降低，地层水溶解 CO_2 后黏度会有所升高，从而可以降低油水流度比，起到控水增油的效果。

2. 注 N_2 驱油机理

N_2 作为驱替剂有如下几个特点：N_2 是一种无腐蚀性的惰性气体，用其作为驱替剂不存在防腐的问题；在相同的温度和压力下，N_2 的密度小于油藏气顶气的密度，黏度则与气顶气接近（即使在地层压力高达 42MPa 以上时仍能保持这一性质），这种特性适合于块状油藏和倾斜油藏实施顶部注气利用重力分异驱替原油，并有利于缓和重力驱替过程中的黏性指进现象；此外，N_2 的偏差系数比气顶气、烟道气、CO_2 大，并且不溶于水，较少溶于油，这使得 N_2 在驱油过程中具有良好的膨胀性，弹性能量大，因此特别有利于带气顶油藏实施气顶注 N_2 同时开发气顶和油环。实验表明，N_2 溶解于原油中，且随着 N_2 注入量的增加，地层原油的饱和压力增大、黏度降低、气油比增加；N_2 的溶解和闪蒸分离作用会使地面脱气原油密度变大，虽然 N_2 在地层原油中的溶解度很低，对改善原油的流动能力的作用不大，但却能抽提原油中的轻烃和中间烃组分，使原油重组分含量上升，地层原油密度和黏度也随之上升，这一特性有利于富含轻烃和中间烃的轻质油藏、挥发性油藏、凝析气藏采用注 N_2 混相驱或非混相驱方式开采原油。

缝洞型碳酸盐岩油藏注 N_2 的驱油机理主要为气顶重力驱和非混相驱。与普通油藏相比，缝洞型碳酸盐岩油藏储层发育孔洞和溶洞，使重力分异的速度更加迅速，可实现"快注快采"，大幅度提高"阁楼油"的动用程度。

王建海等[2]利用室内机理研究和现场先导试验相结合的方法对缝洞型碳酸

盐岩稠油油藏注 N_2+CO_2 吞吐开发效果进行了研究。结果表明，该方式可充分发挥 N_2 和 CO_2 的双重驱油作用，既能补充地层能量、驱替顶部剩余油，又能降低稠油黏度、改善流动能力，从而提高缝洞型稠油油藏油井产能。利用该成果在塔河 TH12263 井开展先导试验，初期日产油量由 10t 上升到 18.6t，取得了较好的降黏增油效果。

3. 注烃类气体驱油机理

烃类气体主要是甲烷(干气)、富气以及像丙烷那样的液化气，由相似原理可知，烃类气体可溶于原油中，使原油体积系数变大，黏度降低；烃类气体也会造成原油分子量、密度的降低及相间界面张力的降低；同时，原油饱和压力也会因此升高，并且随注入烃类气体比例增加而增加。注烃类气体的优点是不伤害地层，主要适用于天然气市场较差的油田。

4. 注酸性气驱油机理

酸性气体回注是将含硫化氢和二氧化碳的气体回注到地下。注酸气的最小混相压力相对较低，有利于实现混相驱油，提高原油的采收率。同时，酸气回注可以封存含硫气体，减少温室气体向大气的排放，并可以有效降低酸气地面处理成本。由于硫化氢为高毒腐蚀性气体，矿场实施时应注意：(1)注入气应充分脱水；(2)与注入气接触的管材应采用抗腐蚀材料。

二、注气混相驱机理

1. 注气混相驱机理

气驱开发分为混相驱和非混相驱，混相驱分为一次接触混相和多次接触混相。注气混相驱作为三次采油技术通常在注水开发之后实施，气相与原油的混相过程极其复杂，包括传质、扩散、对流、萃取和相变等物理化学反应。

1998 年，杨振骄[3]提出气驱混相机理存在一个凝析气驱混相和一个汽化气驱混相。轻质烃被携带进入注入气，产生一个混相过渡带，气、液两相流在过渡带内产生。

2006 年，李菊花等[4]用细管实验模拟了近混相驱过程，分析了多级接触过程中注入气及原油之间相态等物性参数的变化，进一步证实近混相驱机理。

2006 年，李孟涛等[5]对 CO_2 混相驱进行了研究，建立了 CO_2 混相驱的驱替模型和方程。研究结果表明，超临界状态的 CO_2 可以降低波及区域的油水界面张力。

2012 年，孙扬等[6]对 N_2 推动 CO_2 前置段塞的混相驱油机理进行了阐述。CO_2 与地层原油的混相状态受油气混相能力、油气间扩散作用、气间段塞窜逸作用及黏度和密度差等因素的影响。

2012 年，陈晓军等[7]指出混相驱油机理为注入介质与原油在油藏条件下混相后，降低了驱油时的毛细管阻力，增强了注入介质的洗油能力，从而提高原油的采收率。

2013 年，Olaoluwa O. Adepoju 和 Larry W. Lake 等[8]对混相过程中的相间传质进行了研究，使用二维对流—扩散模型对不同尺度有限差分模拟器中的纵向和横向局部混合，得到叠加在模型流线上的溶质—浓度等值线对扩散的各向异性有显著影响。

2015 年，Mohammad Reza Ghulami 等[9]在阿富汗油藏气驱可行性研究中建立了一种细管实验装置，采用储层建模方法评估阿富汗油藏的混相条件。模拟结果表明，与氮气或甲烷相比，二氧化碳驱实现混相所需注入体积最少。

2015 年，姚军等[10]在塔河油田缝洞型碳酸盐岩油藏气驱混相机理研究过程中，对最小混相压力进行了确定，利用拟三角相图来表征气液混相或者非混相的关系，提出混相所需的条件与两相间临界的切线有关。

2015 年，林仁义等[11]在总结混相驱油机理时认为混相驱就是使气、油之间的表面张力完全消失，残余油饱和度降至最低，因此能够较大幅度地提高注气的驱油效率。

2018 年，Francisco D. Tovar[12]详细阐述了 CO_2 驱混相机理。认为混相驱动过程中主要分为汽化气驱动（VGD）和凝析气驱动（CGD）。当气体与油接触时，中间混合体由气体凝析成油，由油萃取成气体。研究表明，碳氢化合物（C_5—C_{30}）的萃取有助于降低界面张力。

2. 注气混相程度

混相驱和非混相驱的判别主要有三种方法：一是通过油气之间的界面张力是否为零来区分混相驱和非混相驱；二是通过气驱油物理实验，将驱油效率达到 90% 时认为是混相，对应的压力为最小混相压力（MMP）；三是注入气体和原油多次接触后能实现混相的最低富集浓度，只有注入气足够多，才能和原油形成混相，即最小富化程度。

实际油藏开发过程中，受注采比不断变化和注采井间压差影响，油藏地层压力处处、时时不同，情况复杂多变。此外，在开发过程中地层压力的变化也会导致原油的组分发生变化，受原油组成影响的最小混相压力也会发生变化。由于油藏压力分布和流体组成分布的不均匀性，油藏中不同位置处油气混相状态差异较大。仅仅依靠油藏的平均压力和最小混相压力的大小关系，将气驱笼统划分为混相驱和非混相驱过于简单，和实际驱油过程相差较大。

2004 年，Srivastava[13]建立数值模拟模型研究了注采井间的压力分布和混相状态，研究结果表明，注采井间的压力剖面呈非均匀分布，且随着气体的不断注入，压力剖面也随之发生变化，相应的原油和注入气的混相状态也一直在变化。

2009 年，计秉玉等[14]通过数值模拟研究发现油藏不同部位的混相程度差异较大，因此引入了混相体积系数来定量表征不同混相状态所占的比例，但并未明确给出不同混相状态的划分标准。

2010 年，刘玉章等[15]通过一维砂岩驱替实验，研究了储层渗透率、平均地层压力和驱替速度对最小混相压力的影响，通过对实验数据拟合确定了多孔介质中原油和注入气的最小混相压力，并利用地层压力和多孔介质中 MMP 的关系确定了油藏不同位置的混相状态。

2012 年，吴忠宝等[16]为了对 CO_2 驱的混相效果进行定量评价，认为油气界面张力越小，毛细管压力越小，且当油气混相时界面消失，毛细管压力为零，因此毛细管压力为零的区域即为混相区。

2014 年，李南等[17]建立数值模拟模型，将油藏地层压力保持在原油和注入气的最小混相压力附近，以此时的界面张力和原油黏度作为混相与否的标准将油藏划分为混相区和非混相区，并将注采井间划分为四个区域：混相区、高界面张力的非混相区、未波及非混相区及低含油非混相区。

2015 年，王锐等[18]基于最小混相压力实验，将混相程度定义为驱替过程中地层压力处于最小混相压力以上的区域所占体积比例，用于表征驱替过程中的混相能力，并分析了不同参数对混相能力的影响规律，提出了相对应的开发对策。

三、气驱波及规律

1. 孔隙型油藏气驱波及规律

1960 年，Habermann[19]建立了四分之一五点井网模型，研究了注入气突破前后不同气油流度比条件下的黏性指进程度与注入孔隙体积倍数（PV）的关系变化。实验结果表明，即使在均质储层中也存在黏性指进现象，且随着水油流度比的增加，驱替前缘的指进数目和宽度增大，黏性指进程度也明显增加。

1963 年，Koval[20]认为气驱的显著特征是注入气会在油藏中形成黏性指进，且储层的微观及宏观非均质性会加剧这种黏性指进。因此，引入 K 因子（非均质系数和有效黏度的比值）对 Buckley-Leverett 分流量方程进行了修正，建立了适用于气驱的分流量方程，并计算了不同 PV 数时的含气率。

1998 年，Baker[21]假设驱替过程为拟稳态，利用 Buckley-Leverett 分流量理论推导了气油比和累产量的关系，提出采用 $\ln(GOR)$ 与 $N_p(Q_o)$ 曲线的斜率来计算气驱油波及体积。该方法只适用于气窜严重的油藏，由于气窜对生产十分不利，因此其应用十分有限。

2004 年，沈平平等[22]利用 ASP 数值模拟软件及正韵律数值模拟模型对气驱油过程进行了模拟，研究发现较强非均质性油藏不同层段的气驱波及系数和驱油效率不同，其中高渗层段以改善驱油效率为主，低渗层段以扩大波及范围为主，中等渗透率层段气驱改善驱油效率和扩大波及范围的作用基本相当。

2006 年，Taheri 等[23]建立数值模拟模型对水气交替注入方式的波及系数进行了研究，结果表明采用水气交替注入可显著提高注入气体的波及系数。

2008 年，Lewis 等[24]建立三维物理模型和油藏数值模拟模型研究混相驱过程，根据采出程度与波及系数、驱油效率之间的关系，间接估计气驱的波及系数，但该方法将注气驱油效率认定为 100%，因此只适用于混相程度非常高的气驱油过程，局限性较大。

2020 年，李友全等[25]基于 CO_2 驱油机理，考虑储层非均质性和启动压力梯度，建立了多相多组分 CO_2 驱试井模型，并利用数值方法进行了求解，通过压力响应特征确定驱替前缘位置，进而确定注入流体的波及系数。

2020 年，姜俊帅等[26]基于对流扩散机理，考虑注入期和焖井期不同作用机理建立了二氧化碳吞吐的数学模型及其解析解，通过 CO_2 浓度分布计算了二氧化碳吞吐过程中注入流体的波及范围。

2. 多重介质油藏气驱波及规律

目前对碳酸盐岩油藏气驱波及规律的研究主要是围绕缝洞型碳酸盐岩油藏开展的。

Ferno 等[27]建立了含裂缝的可视化物理模拟实验装置对连续注气、气水交替注入（WAG）和表面活性剂—气体协同注入（SAG）进行了研究，通过利用高分辨率照相机确定的流体分布特征，计算出不同注入体系的波及系数。研究结果表明，SAG 能有效控制流度比，提高波及系数。

郭平等[28]针对缝洞型碳酸盐岩储层溶洞开口向上和开口向下两种类型的驱油特征进行了研究，并建立了该类油藏气驱机制下的微观可视化物理模型。采用模拟油和液化气，在常温低压下开展了水驱、活性水驱、气驱及气水交替驱4 组试验，对不同注入流体及注入方式对驱油效率和含水率的影响进行了研究。结果表明，水驱、活性水驱、气驱和气水交替驱的驱油效率分别为 81.12%、68.95%、74.88% 和 99.84%，即缝洞型油藏的最佳注入方式为气水交替注入；气驱只能驱替开口向下的洞，注水只能驱替开口向上的洞，气水交替驱可以同时解决开口向上和开口向下两种洞的驱油问题。

袁飞宇等[29]结合现场实践，对缝洞型定容油藏交替注水和注 N_2 驱油进行了研究。通过数学理论推导的方法发现,地层条件下 N_2 的压缩系数与原油、地层水差异较大,随着注气轮次的逐步增加,储集体中的 N_2 逐渐累积,导致油藏流体综合压缩系数大幅度上升, N_2 波及体积减小。因此,定容型碳酸盐岩储层油井多轮次注气需不断加大注气量,以减缓 N_2 累积造成的波及体积下降问题。

刘中云等[30]结合数值模拟,对 N_2 注入速度、原油黏度、油水界面和气水比等参数对溶洞型碳酸盐岩油藏的气驱横向波及特征进行了研究。研究结果表明,气体横向波及范围会随着注气速度增大、原油黏度降低、油水界面升高而增大,但气水比对气体横向波及范围的影响无明显规律。

郑泽宇等[31]通过制作孤立溶洞、单缝及缝洞组合的可视化物理模型对气驱开发进行了模拟实验,直观展示了缝洞型碳酸盐岩油藏气驱剩余油分布特征。研究结果表明,缝洞型油藏气驱开发后在溶洞上部空间可能存在窜流油,在裂缝中存在油膜和小油段塞,且由于缝洞连通关系复杂,导致许多区域无法被气体波及,大量原油残留于地下。通过分析影响因素得知,与常规恒流速注气开发方式相比,不稳定注气方式可以通过改变流场明显提高注入流体的波及系数;缝洞连通关系复杂油藏利用缝井注气的开发效果明显好于洞井;存在一个适中的气体注入速度,可以有效降低气窜概率,减少绕流油体积,提高复杂溶洞角隅油的波及程度。

赵凤兰等[32]依据塔河油田地质特征设计了缝洞型油藏室内三维物理模型,模拟底水条件下典型缝洞结构单元的注水和注气吞吐两种方式下的驱油过程,分析了相同条件下不同原油黏度(1094.5mPa·s 和 23.6mPa·s)与不同气体介质(N_2、CO_2、复合气)对剩余油的动用效果。实验结果表明,注气吞吐控水增油效果明显, N_2 和 CO_2 通过重力分异作用可置换"阁楼油",通过气体膨胀作用携带井间油;对于黏度为 1094.5mPa·s 的稠油,注 N_2、CO_2 和复合气(N_2:CO_2=1:1)吞吐的采出程度提高幅度分别为 19.59 个百分点、14.54 个百分点、7.55 个百分点,而对黏度为 23.6mPa·s 的稀油,注 N_2、CO_2 和复合气吞吐的采出程度分别提高 10.87 个百分点、10.12 个百分点、7.41 个百分点,即注气吞吐对稠油的效果优于稀油,且 N_2 和 CO_2 注气吞吐效果优于复合气。

四、注气气窜规律

1. 气窜特征

在注气开发过程中,气窜是一个非常常见且不可忽略的问题。程杰成等[33]对大庆长垣外围扶余油层开展了 CO_2 驱油试验研究,注气两年后,井组发生严重气窜,气窜后产出气中 CO_2 浓度最高达 93%,日产油量也从注气开发初期的 6.6t 下降至 1.2t。

影响气窜的因素很多，如储层非均质性、裂缝的存在、驱替速度及井网形式等都会对气窜时间和气窜程度产生影响。当驱替速度增大时，气驱前缘到达生产井的时间较早。储层非均质性和裂缝的存在对气窜的影响最为显著，当储层非均质性较强时，注入气沿着高渗区突进，过早到达生产井，而其他区域难以被波及；裂缝具有较高的导流能力，尤其是碳酸盐岩油藏，裂缝是其主要的流动通道，注入的气体易沿裂缝窜进，到达生产井，导致生产井大量产气。

目前，对碳酸盐岩油藏注气的气窜规律研究主要集中在缝洞型碳酸盐岩油藏。吴颉衡[34]设计制作了可视化单裂缝模型和缝洞组合模型，通过模拟缝洞型碳酸盐岩油藏流体在单裂缝和缝洞结构中的流动，研究了碳酸盐岩油藏注气过程中气窜规律和渗流特征，建立了单裂缝储层不同参数下的气驱油驱替形态图版。并在此基础上，根据缝洞型碳酸盐岩油藏地质与油藏特征设计制作了二维典型缝洞模型，研究了不同储集空间油气流动和气窜规律。结果表明，裂缝中气驱油的驱替形态和注入气体的窜逸与注入速度和裂缝开度有关；缝洞型碳酸盐岩油藏流动机理和气窜现象受到溶洞填充、原油黏度、底水强度、缝洞连通模式等因素的综合影响；气窜特征受缝洞连通和溶洞结构的影响较大；底水和注入气的复合作用改变注入气的流动通道和气体波及体积，使得气驱剩余油的分布和类型复杂化。

2. 气窜判别方法

气窜一旦发生，注入气的波及范围增加变缓，生产井产量大幅下降，生产气油比迅速增加，严重影响气驱开发效果。因此，对气窜的识别及治理尤为重要。目前，尚无统一的气窜判别标准，很多学者提出了不同的气窜判别方法。

朱玉新等[35]建立了气油比、C_1含量及C_{7+}含量和压力的关系曲线图版，通过某时刻生产井的数据与图版的对应关系，判定凝析气藏注入气突破的时间。

魏旭光[36]采用气窜前后的气油比变化率、产出气中的C_{6+}摩尔分数变化率和（C_3+C_{4+}）摩尔分数变化率三个指标来综合判断富气驱过程中的气窜，提出气窜时的气油比变化率、C_{6+}摩尔分数变化率和（C_3+C_{4+}）摩尔分数变化率分别为95%、41.5%和68%。

李绍杰[37]采用产出气中CO_2摩尔分数、生产气油比和日产油量的变化特征来确定CO_2气驱的气窜，认为当产出气中CO_2摩尔分数高于90%、气油比大于$1800m^3/m^3$、产油量快速递减即可判定气窜。

3. 气窜优势通道识别方法

注入气体沿着优势通道向生产井突进，造成注入气体无效循环、生产井气窜。在采取措施治理气窜之前，需要明确储层中窜流通道的方向及物性参数。

目前，识别井间优势渗流通道、判断流体窜流的方法主要有试井监测技术、井间示踪剂监测技术和生产动态资料判别等方法。

试井监测技术能通过压力和产量数据反演地层参数，是分析井间连通性、确定井间地层参数的有效手段。目前，研究优势通道的常用试井方法包括压降试井和干扰试井。Feng 等[38]基于试井理论，建立了干扰试井模型，并通过对试井曲线的拟合反演出优势通道的关键参数。通过改变与生产井匹配的注入井的注入情况，分析生产井井底流压的动态响应来识别井间优势通道的发育情况，进而判断流体的窜流。

井间示踪剂监测技术被用来监测注入流体的窜进，判断井间连通性及高渗条带的存在。示踪剂技术是通过向注入井注入示踪剂，在周围受效生产井进行取样，分析示踪剂的产出浓度，从而根据对示踪剂浓度曲线的解释确定储层参数，分析优势通道的形成。Calhoun[39]早在 1953 年便提出可以采用示踪剂测试来研究注采井间的优势通道，并可以通过拟合示踪剂浓度曲线来确定优势通道的渗透率。Brigham 等[40]研究了五点井网模型中示踪剂的产出情况，并通过对示踪剂浓度曲线的拟合确定了储层参数。李淑霞等[41]将优势通道分为三类：高渗透层、大孔道、特大孔道，并分析了每类示踪剂产出曲线的形态特征。冯其红等[42]基于对流扩散理论，推导了井间示踪剂产出模型，并利用遗传算法对示踪剂产出曲线进行拟合，相比传统方法节省了拟合工作量，并能获得可靠的结果。杨红等[43]针对延长油田乔家洼油区的气窜方向不明确问题，开展了气体示踪剂现场监测，并利用示踪剂解释软件对示踪剂浓度曲线进行拟合，确定了气窜方向，并反演出了优势通道的平均渗透率。

考虑当气窜优势通道形成后，注入井注入压力下降、生产井大量产气、生产气油比迅速增加的特征，张世明等基于物质守恒原理，推导出了气窜过程中的气窜通道体积及截面积公式，并根据实际生产过程中的动态数据反演出了气窜通道的几何参数。

五、注气开发调整对策

1. 改变注气方式

连续注气是最早提出、最易实施的注气方式。采用较大的注气强度可以较快补充地层能量，但受气体流度小、储层的非均质等方面影响，注入气体很容易过早突破至生产井，造成生产井的产油量快速下降甚至关停。而水气交替注入（WAG）会使油藏内的流体分布交替变化，在一定程度上缓解气体的快速推进，改善开发效果。WAG 驱的主要过程就是交替向油藏中注入不同大小的水段塞和气段塞，1957 年，加拿大艾伯塔省的 Nirth Pembina 油田进行了 WAG 驱的现场试验，取得了较好的效果，随后许多学者针对 WAG 驱开展研究，明确了通过水气交替驱替可以降低气水的相对渗透率，改善不利的流度比，使注入流体的波及范围变大[44]；影响 WAG 驱的因素包括气水比、段塞大小、驱替速度、储层的非均质性等。

2. 注气井调剖

一般采用机械方法或者化学方法对注气井进行调剖，通过对高渗层进行封堵降低其注入量，改善低渗层的吸气能力，使不同储层的气驱波及更为均匀。根据调剖深度，调剖包括近井调剖和深部调剖，两者的机理及采取的措施不同。近井调剖主要是为了封堵注入井的高渗通道，通常会向注入井中注入高强度的调剖剂[45]。而深部调剖主要针对油藏的非均质性引起的窜流，有选择地封堵地层深部的高渗区域，进而扩大流体的波及范围。陈祖华等[46]针对开发后期气驱油藏的气窜问题，选用聚合物封堵高渗通道后进行 CO_2 泡沫驱，调整后油藏的生产气油比从 $2733m^3/m^3$ 下降至 $64m^3/m^3$，日产油从 31t 上升至 82t，开发效果得到显著改善。王建勇等[47]根据室内实验结果筛选出了适用于研究区的冻胶泡沫体系，并优选了最佳气液比和驱替速度，研究结果表明该调剖体系封堵性能较好，经过调整措施后采收率可增加 45 个百分点。

3. 注采井网调整

井网调整包括层系调整和井距调整。胡永乐等[48]指出气驱油藏中注采井网调整的主要目标是建立有效的驱替系统和改善气驱的储量控制程度。层系调整就是对纵向上的各个油层进行重新组合，调整开发层系以减小层间动用差异。此外，同一层系内不仅有纵向上的动用差异，各层内部往往存在平面上的动用差异，这就需要对井网和井距进行调整。对裂缝发育或渗透率分布具有明显方向性的油藏进行井网和井距调整时，应该特别注意井排方向部署的合理性，保证注入井排和采油井排分布方向分别平行于裂缝的延伸方向或高渗通道的发展方向，即保证注入井排与采出井排位于裂缝延伸方向的两侧，防止注入井与采油井间由于裂缝或高渗通道的存在导致注入气体的快速窜流。

4. 注采参数优化

注采参数优化可以有效改善注气效果，注采参数主要包括注气压力、注气速度、注气周期、注采比、生产井井底流压力和采油方式等。注采参数优化过程中，原则上保持油藏最小混相压力和采油速度的平衡，同时也要考虑经济性和可实施性。Zhou 等[49]针对致密油藏 CO_2 驱分别采用物理模拟实验和数值模拟方法对实际油藏的注采参数优化进行了研究，并以最优参数进行开发，采收率可达 30.89%。王高峰等[50]利用物质平衡原理、达西定律和油气分流理论、气驱增产倍数和气驱油藏描述等概念与成果，分别建立了基于采出油水两相地下体积的气驱注采比计算公式和基于采出油气水三相地下体积的气驱注采比计算公式，并给出了单井日注气量的计算方法。

5. 降低最小混相压力

当油藏的最小混相压力过高，现场施工压力无法实现或者超过地层破裂压力时，应该考虑采取一些措施降低油藏最小混相压力，通常采用加入一些能增强混溶能力的化学剂来实现，使得原本无法实现混相的油气体系实现混相驱替。曹绪龙等提出了降低最小混相压力的技术原理和思路，并研发了降低最小混相压力的化学体系，通过长细管实验确定增效剂和增溶剂的配比为 3∶7 时，最小混相压力降低幅度最大，降幅达 22%。

第二章 挥发性原油气驱相态特征

相态特征分析是气驱研究的基础，碳酸盐岩挥发性油藏流体性质复杂，相态分析难度大，因此，有必要建立一套科学的相态分析方法，为注气开发方案设计及气驱开发效果评价提供指导。本章围绕挥发性原油的组分及物性特征、挥发性原油相态分析方法、挥发性原油物性表征方法、注气对挥发性原油组分及物性的影响、注气对挥发性原油相态特征的影响等内容，系统阐述了挥发性原油的气驱相态特征，为掌握油藏烃类流体特性、划分油藏类型、确定油藏开发方式及编制开发方案提供依据。

第一节 挥发性原油组分及物性特征

一、挥发性原油的开发特征

挥发性原油组分和热力学特性介于黑油和凝析气之间，在油藏条件下以液态形式存在。与普通黑油油藏或气藏相比，挥发性油藏的开发具有以下特征：

（1）当挥发性油藏地层压力降到泡点压力以下时，天然气就会从原油中析出，形成油气两相，由于挥发性原油中的轻组分含量高于黑油，挥发性原油的泡点压力普遍较高，在开发过程中随着地层压力下降，更易形成油气两相。

（2）挥发性油藏和凝析气藏的开发均需采取合理保压方式，保持地层压力在泡点、露点压力以上，才能获得较高的原油采收率。当挥发性油藏压力低于泡点压力时，大量天然气从原油中析出，导致原油体积收缩、黏度增高、渗流阻力增大，采收率显著降低。

（3）挥发性油藏开发的经济效益与轻烃回收密切相关，因此，此类油田开发设计必须地面与地下相结合并优化系统参数，以提高原油采油率。

二、挥发性原油的组分特征

表 2-1 是国内外多个挥发性油藏原油组分数据，从表中可以看出，挥发性原油具有轻质组分含量高、重质组分含量低的特征。挥发性碳酸盐岩油藏的 C_1 含量为 46.66% ~ 58.77%，平均为 52.73%；C_2—C_6 含量为 19.26% ~ 37.79%，

平均为 25.44%；C_{7+} 含量为 14.78% ~ 24.66%，平均为 20.14%。受轻质组分含量高影响，挥发性原油的泡点压力和体积系数较高、原油黏度和原油密度较低。部分挥发性碳酸盐岩油藏具有较高的 H_2S 含量，如哈萨克斯坦的卡沙甘油田 H_2S 含量高达 14.97%。

表 2-1　挥发性原油组成

油气藏	岩性	含量/%									
		H_2S	N_2	CO_2	C_1	C_2	C_3	C_4	C_5	C_6	C_{7+}
肯基亚克盐下	碳酸盐岩	0.34	1.49	0.70	54.22	6.88	5.94	3.59	2.56	4.14	20.13
北特鲁瓦	碳酸盐岩	0.70	1.48	0.34	54.02	6.85	5.96	2.60	1.46	3.61	20.98
卡沙甘	碳酸盐岩	14.97	0.77	4.26	46.66	7.34	4.21	3.09	2.21	1.71	14.78
让纳若尔	碳酸盐岩	2.78	0.85	0.73	49.99	6.47	5.33	3.72	2.74	2.73	24.66
Western Desert	碳酸盐岩	—	0.21	0.93	58.77	7.57	4.09	3.00	1.92	1.75	21.76
Coats and Smart	—		0.30	0.90	49.43	11.46	8.79	4.56	2.09	1.51	16.92
卡因迪克 J_3q 油藏	砂岩	—	0	0	65.40	4.17	2.99	2.33	1.47	1.53	16.74
The South Buck Draw-1	砂岩	—	0.45	2.30	54.90	10.11	5.61	3.32	2.17	1.79	19.35
The South Buck Draw-2	砂岩	—	0.46	2.55	57.83	9.97	5.20	2.94	1.67	1.97	17.41

三、挥发性原油的相图特征

选取挥发性原油、弱挥发性原油、黑油和稠油等不同类型油藏的典型原油组成(表 2-2)，绘制了不同类型原油的 p—T 相图(图 2-1)。从 p—T 相图可以看出：吉林油田和准噶尔盆地原油样品的相包络线严重右倾，地层温度下原油位于液相包络线最左侧，表现为明显黑油和稠油特征；西西伯利亚和 Coats 原油样品的相包络线位置较高，临界点位置相对偏右，地层温度下原油表现为挥发油特征。卡沙甘与让纳若尔油田原油样品的相图包络线位置相对西西伯利亚油田原油与 Coats 原油较低，且临界点偏左，表现为弱挥发油特征。

表 2-2　不同类型原油的组成

样品来源	西西伯利亚油田	Coats 油田	卡沙甘油田	让纳若尔油田	吉林油田	准噶尔盆地
流体类型	挥发性	挥发性	弱挥发性	弱挥发性	黑油	稠油
H_2S/%	0	0	14.97	2.78	—	0
CO_2/%	0.16	0.90	4.26	0.73	0.34	0.71

续表

样品来源	西西伯利亚油田	Coats 油田	卡沙甘油田	让纳若尔油田	吉林油田	准噶尔盆地
N_2/%	0.87	0.30	0.77	0.85	1.97	0.48
C_1/%	49.43	53.47	46.66	49.99	16.74	17.24
C_2/%	7.28	11.46	7.34	6.47	5.90	22.78
C_3/%	8.02	8.79	4.21	5.33	3.84	1.64
iC_4/%	2.31	2.28	0.93	1.21	0.40	0.32
nC_4/%	3.61	2.28	2.16	2.51	1.30	0.43
iC_5/%	1.80	1.045	1.08	1.38	1.77	0.40
nC_5/%	1.79	1.045	0.13	1.36	0.60	0.39
C_6/%	2.32	1.51	1.71	2.73	1.58	1.97
C_{7+}/%	22.41	16.92	15.78	24.66	65.56	73.65
累计	100.00	100.00	100.00	100.00	100.00	100.00
油藏温度/℃	87	80	98	65	98.9	26
饱和压力/MPa	25.76	28.67	27.9	28.99	6.31	4.98

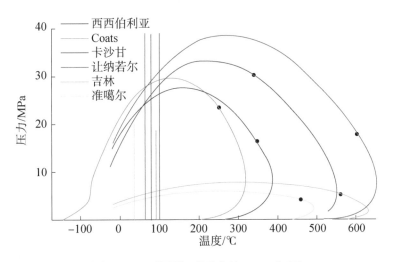

图 2-1 不同类型原油的 p—T 相图

四、挥发性原油组分及物理性质随压力的变化特征

利用相平衡计算模型,可以得到不同类型原油组分随压力降低的变化曲线(图 2-2)。从图 2-2 可以看出,当油藏压力低于饱和压力时,随着压力的降低,溶解气不断溢出,原油组成随之发生变化。在脱气早期,甲烷析出比例最高,原油中其含量明显降低,中间烃和重质组分含量均有所增加。之后,中间

烃组分开始和甲烷一同蒸发，导致轻质组分和中间烃组分含量均有所下降，重质组分含量明显增加。随着压力进一步降低，挥发性原油逐渐向黑油过渡，但即使压力降到标准大气压后，挥发性原油和弱挥发性原油中的中间烃组分含量仍然高于黑油和稠油。与挥发性原油相比，标准大气压时，弱挥发性原油中的中间烃组分含量高于挥发性原油，重质组分含量低于挥发性原油，这是由于挥发性原油的轻质组分和中间组分过分挥发造成的。

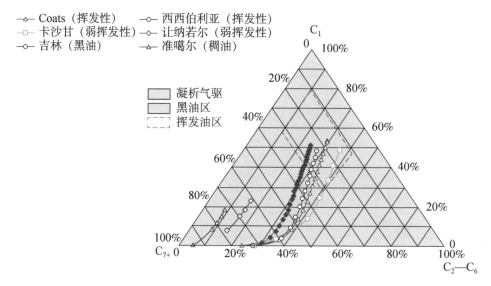

图 2-2　不同类型原油组分随压力降低的变化图

以卡沙甘原油为例，分析挥发性原油物性随压力变化的特征。卡沙甘地层原油主要由甲烷等烃类化合物及 CO_2、H_2S 等酸性气体构成（表 2-2），其中甲烷的摩尔分数为 46.66%，H_2S 的摩尔分数为 14.97%，CO_2 的摩尔分数为 4.26%。油藏地层压力为 77.72MPa，饱和压力为 27.9MPa，地层原油密度为 0.6089g/cm³，黏度为 0.21mPa·s，原始溶解气油比为 513.6m³/m³，多级分离体积系数为 2.173，为低密度、低黏度、高 H_2S 含量、含 CO_2 的未饱和挥发性原油。卡沙甘原油组分、黏度及密度随压力的变化规律如图 2-3 所示，具体表现为：

（1）当压力在原油饱和压力以上时，原油组分保持不变；当压力降至饱和压力时，C_1 组分显著下降，C_{7+} 重质组分显著升高，H_2S 和 CO_2 酸气组分基本不发生变化，中间烃组分 C_3—C_4 和 C_5—C_6 则呈现缓慢上升趋势；当压力降至 6MPa 时，即接近地面分离器压力时，C_1 组分、酸气组分和中间烃组分快速下降接近 0，同时重质组分快速上升接近 100%，这说明经地面分离器分离后原油以 C_{7+} 重质组分为主，几乎不含酸气组分。

（2）当地层压力高于饱和压力时，随着压力的降低，原油的黏度和密度均降低，但两者的变化幅度都较小，原油黏度从 0.3mPa·s 降至 0.1mPa·s，原油密度从 600kg/m³ 降至 500kg/m³。当压力降至饱和压力值时，原油的黏度和密度达到最低值。

（3）当地层压力低于饱和压力时，随着压力的降低，原油的黏度和密度均变大，且两者的变化幅度都很大。这是因为卡沙甘油藏的原油为挥发性原油，一旦地层压力低于饱和压力，大量轻质组分从原油中析出，使得重质组分含量所占的比例大幅提高，从而导致原油物理性质发生较大变化。

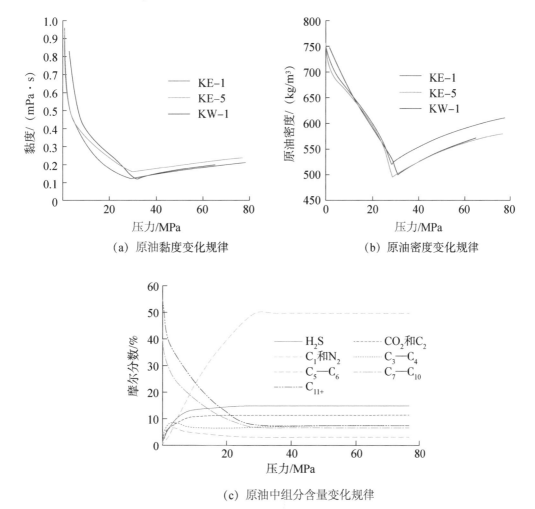

（a）原油黏度变化规律　　　　（b）原油密度变化规律

（c）原油中组分含量变化规律

图 2-3　卡沙甘原油黏度、密度及组分含量随压力的变化规律

五、挥发性油藏产出气组分特征

卡沙甘油田为典型的挥发性油藏，产出气为地层原油溶解气。油田溶解气组分见表 2-3，酸性气体(H_2S、CO_2)及中间烃组分(C_2—C_6)所占比例较高，其中 N_2 的摩尔分数为 1.13%，H_2S 的摩尔分数为 17.77%，CO_2 的摩尔分数为

5.10%，CH_4的摩尔分数为 58.14%，C_2—C_6的摩尔分数为 17.46%，C_{7+}的摩尔分数为 0.40%。卡沙甘油田的产出气因其组分特殊，具有独特的研究意义。

表 2-3　卡沙甘油田不同井产出气的组成　　　　单位/%

组分	KE-5	KE-6-1	KE-6-2	KE-A-01	KE-A-04	KW-2	平均
N_2	1.02	0.96	1.04	0.98	0.98	1.82	1.13
CO_2	5.06	5.09	5.09	5.07	5.21	5.08	5.10
H_2S	17.69	18.09	17.65	17.70	18.17	17.32	17.77
CH_4	58.83	58.66	58.81	57.18	57.26	58.07	58.14
C_2	9.10	8.98	8.96	8.89	9.05	8.98	8.99
C_3	4.69	4.44	4.49	4.77	4.83	4.62	4.64
iC_4	0.76	0.76	0.77	0.93	0.85	0.81	0.81
nC_4	1.52	1.53	1.53	1.95	1.69	1.58	1.63
iC_5	0.45	0.47	0.47	0.70	0.54	0.48	0.52
nC_5	0.40	0.42	0.42	0.64	0.48	0.43	0.47
C_6	0.30	0.35	0.36	0.59	0.42	0.37	0.40
C_{7+}	0.18	0.25	0.41	0.60	0.52	0.44	0.40

第二节　挥发性原油相态分析方法

挥发性油藏在开发过程中，随着压力变化，原油的组分及物理性质会发生较大变化。为了定量描述挥发性原油的物理性质变化规律，通常采用临界参数结合多组分物理性质计算方法预测不同压力下的挥发油物理性质。临界参数的确定是相态研究的基础，其准确度直接影响挥发性原油物理性质预测结果的可靠性。

临界参数确定流程包括流体组分的劈分、流体组分的重组、临界参数的回归。本节将结合相平衡理论、流体组分的热力学性质、数组分析等手段，建立系统的挥发性原油相态特征及临界参数确定方法。

一、地层原油组分劈分方法

通过实验的方法只能确定一定碳原子范围内烃类及一些非烃物质的性质，对 C_{n+}重馏分的相态行为描述得不充分，仅有其分子量及密度，降低了 PVT 分析的准确性。凝析油与挥发性原油对 C_{n+}组分及性质极其敏感，为了改善油气烃类体系相态预测的精度，还需将其进行劈分。

劈分是指将 C_{n+}重馏分中各个单碳数组分从起始碳数 n 开始延伸到某一更高碳数，并以实测的 C_{n+}馏分的平均分子量、平均相对密度以及组成为目标函数进行拟合计算，获得各个延伸组分的组成含量和分子量，从而实现在保证相态计算精度情况下减少相态计算的运算量。

文献调研显示，凝析油或轻质油各组分的摩尔分数分布通常呈指数分布；常规原油和重油各组分的摩尔分数分布通常呈左偏分布(图2-4)。

以卡沙甘油田的典型挥发油为例，绘制了原油 C_7 以上重组分的摩尔分数分布图(图2-5)，从图中可以看出，随着碳元素增加，重组分的摩尔分数呈现指数递减的特征。因此，重组分在劈分过程中，需要遵从指数规律，从而提高劈分的可靠性。

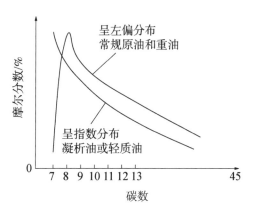

图2-4　不同类型原油的摩尔分数分布

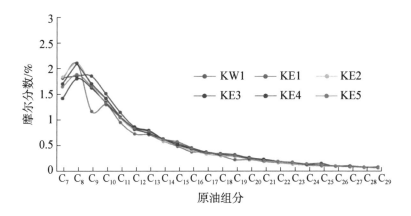

图2-5　挥发油组分摩尔分数分布

目前的 C_{n+} 馏分劈分方法有 Constant Mole Fraction(CMF)、Whitson、Semi-Continuous Thermodynamics(SCT)等方法。CMF 劈分方法需确定拟组分的个数，给出组分的相对密度、Whitson α 因子、Whitson β 因子，选定临界性质关联式和偏心因子关联式，还需要给出拟组分的组成。Whitson 劈分方法需要确定劈分后组分的单碳数组的第一个碳数和最后一个碳数，给出加组分的分子量、密度和加组分的摩尔分数，确定劈分后重新组合的拟组分的个数，选定临界性质关联式和偏心因子关联式。SCT 方法需要确定劈分后拟组分的个数，给出加组分中最小的分子量(即 Whitson η 值)和最大的分子量，选定临界性质关联式和偏心因子关联式。

模拟地层流体重馏分的组成分布，最常采用的热力学分布函数是 Whitson 在 1980 年提出的伽马概率分布函数，也被称为 Whitson 方法，其重组分劈分参考了指数递减规律。

伽马概率分布函数主要包括以下 3 方面的内容：

（1）重馏分延伸的物质平衡方程。

热力学分布函数用 C_{n-1} 到 C_n 的积分值来划分 SCN 组，得到的 SCN 单碳数窄馏分组成分布必须满足普遍化的物质平衡关系，即

$$\int_{C_{n-1}}^{C_n} p(x)\,\mathrm{d}\theta = \theta_{C_{n+}} \tag{2-1}$$

式中 $p(x)$——热力学分布函数；

   θ——要确定的物理性质，可以具体为 SCN 组的摩尔分数、分子量、密度等。

（2）伽马分布函数及形态特征参数的确定。

伽马分布函数为式(2-2)，其中 α、β、η 为可调整的三个参数，根据不同油田、不同的原油性质，确定其数值。

$$p(x) = \frac{(x-\eta)^{\alpha-1}\exp\left[(x-\eta)/\beta\right]}{\beta^{\alpha}\Gamma(\alpha)} \tag{2-2}$$

其中，$\Gamma(\alpha)$ 为伽马函数，其表达式为 $\Gamma(\alpha) = \int_0^{\infty} \mathrm{e}^{-t}\cdot t^{\alpha-1}\mathrm{d}t$。$\alpha$、$\beta$ 和 η 为分布函数的特征参数，其共同决定了分布函数所预测的 SCN 单碳数窄馏分组成分布的形态，α 决定 SCN 组分布的类型，β 由 α 决定；分布变量 x 是 C_{n+} 重馏分中 SCN 组的等效碳数或者分子量；η 为重馏分中最小 SCN 组的等效碳数或者分子量。

累计概率函数 $P(X \leqslant x)$ 是对概率密度函数从 η 到 x 进行积分：

$$P(X \leqslant x) = \int_{\eta}^{x} p(x)\,\mathrm{d}x \tag{2-3}$$

其解析形式如下：

$$P(X \leqslant x) = \mathrm{e}^{-y}\sum_{j=0}^{\infty}\frac{y^{\alpha+j}}{\Gamma(\alpha+j+1)}, \text{ 其中 } y = \frac{x-\eta}{\beta} \tag{2-4}$$

将上述方程应用到摩尔分数分布问题中，需要从实际角度给变量定义。为了运用上述方程计算摩尔分数和分子量，令 x 为单碳数组的分子量，则累计出现频率如下：

$$f_i = \int_{M_{i-1}}^{M_i} p(x)\,\mathrm{d}x = P(r)(M \leqslant M_i) - P(r)(M \leqslant M_{i-1}) \tag{2-5}$$

组分的摩尔分数 Z_i 正比于累计出现频率，即

$$Z_i = f_i \cdot Z_{n+} \quad (2-6)$$

同一段内的平均分子量 $\overline{M_i}$：

$$\overline{M_i} = \eta + \alpha\beta \frac{P(M \leqslant M_i, \ \alpha+1) - P(M \leqslant M_{i-1}, \ \alpha+1)}{P(M \leqslant M_i, \ \alpha) - P(M \leqslant M_{i-1}, \ \alpha)} \quad (2-7)$$

α、β、η 具有如下的关系：

$$\alpha \cdot \beta = M_{C_{n+}} - \eta \quad (2-8)$$

式中最小分子量 η 的取值，一般可根据 C_{n+} 的起始碳数 n，由下面的经验公式确定。

$$\eta = 14n - 6 \quad (2-9)$$

使用分布函数描述重馏分，α、β、η 可运用物质平衡关系式根据已知 SCN 组的实验数据对其进行回归获得。在 α、β、η 中，严格来说只有 α 是根据油藏烃类流体的类型确定的可调参数。Whitson 认为大多数地层流体重馏分的 α 值为 0.5~2.5。在没有充足的实测 SCN 组数据时，η 也可作为可调参数，根据加组分 C_{n+} 的定义，η 应该处于 C_{n-1} 和 C_{n+1} 的分子量之间。

当 $\alpha = 1$ 时，伽马函数可以简化为一个典型的指数分布：

$$p(x) = \frac{\exp(-\eta/\beta)}{\beta} \exp(-x/\beta) \quad (2-10)$$

因此，当 $\alpha \leqslant 1$ 时，伽马分布函数实际上表征 SCN 组按指数分布，即混合物浓度连续下降；当 $\alpha > 1$ 时，伽马分布函数实际上表征 SCN 组按左偏分布，即浓度有一个最大值。较轻质的烃类体系主要服从伽马分布函数中的指数分布模型，如凝析气体系；而较重质的体系更多的是服从左偏分布规律。理论上，通过调整 α 值，伽马函数能很好地描述地层流体重馏分的分布。

（3）C_{n+} 重馏分延伸为 SCN 的组成确定过程。

C_{n+} 重馏分延伸 SCN 的组成确定，其数学过程比较复杂，通常需要依赖于计算机编程或一体化油藏数值模拟软件。

重馏分劈分时必须满足下面条件：

① 各组分的摩尔分数之和等于 C_{n+} 的摩尔分数；

② 各组分的摩尔分数和分子量乘积之和等于 C_{n+} 的摩尔分数和分子量之积；

二、原油组分重组方法

经过对 C_{n+} 重馏分的劈分，可获得更为可靠的原油组分分布，同时也降低了加组分造成的误差权重，但随之原油的组分个数也随之增加。在临界参数确定过程中，当组分个数达到一定数目时，其模拟精度并未显著提高，但会导致计算量大幅增加。为了减少原油的组分个数，提高计算效率，将性质相近的组分进行适当合并，划分为若干个拟组分，这个过程称之为组分的重组。

重组的主要目的是减少组分模拟器计算的时间。就组分而言，更多的组分意味着进行闪蒸计算与流动方程计算需要的时间更多；如果有 n 个烃类组分，每个网格求解的方程数将是 $n+2$ 个，方程越多，就需要更多的时间。

研究了计算时间与组分个数之间的关系，结果显示，计算时间与组分个数之间存在明显的依赖关系(图2-6)。当低于10个组分时，计算时间的增加与组分个数的增加近似直线关系。当组分个数超过10个时，计算时间增加更加明显。计算时间与组分个数平方呈近似线性关系(图2-7)。

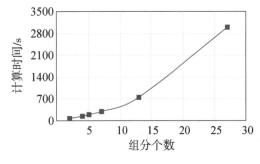

图2-6　组分个数与计算
时间的曲线关系

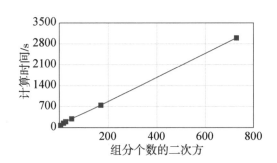

图2-7　组分个数的二次方与
计算时间的曲线关系

1. 组分重组的原则

组分重组时应考虑如下因素：

（1）各组分在整个体系中所占的摩尔分数及分布特征；

（2）拟组分的物性计算所需的参数相对容易确定；

（3）物性相近的组分尽量划分到同一拟组分中；

（4）应该单独考虑易挥发的组分；

（5）重点考虑对最小混相压力影响显著的组分；

（6）在相态和物性计算误差容许的前提下，划分的拟组分数尽量少；

（7）如果要进行注气，注入气应该单独划分为一个组分。

根据组分重组应考虑的各项因素，将热力学性质相近的组分合并，即根据各组分的临界温度、临界压力、摩尔质量、沸点、偏心因子等热力学参数相似性进行重组方案的构建，如此将产生多个重组方案(表2-4和图2-8)。

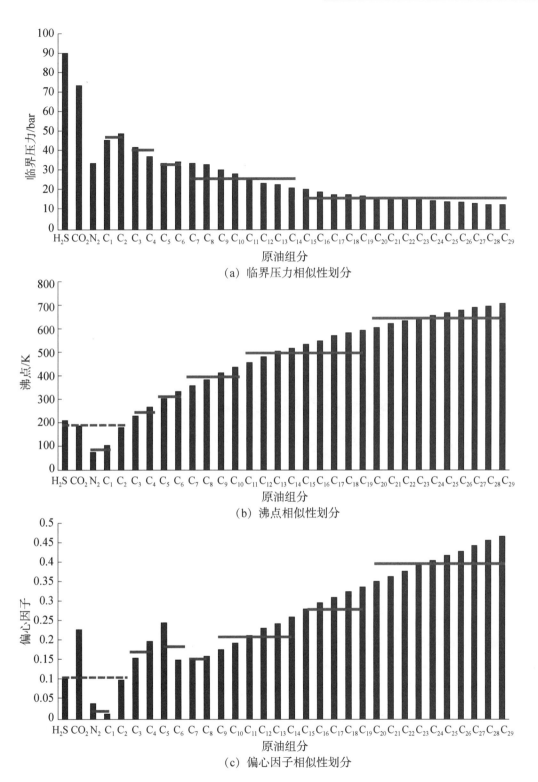

（a）临界压力相似性划分

（b）沸点相似性划分

（c）偏心因子相似性划分

图 2-8　热力学性质相近组分分组

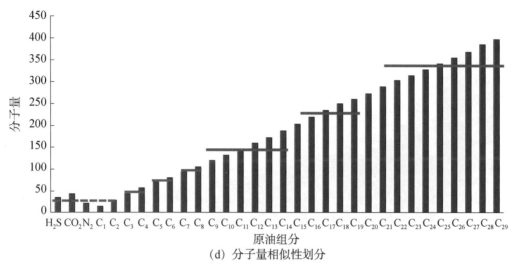

（d）分子量相似性划分

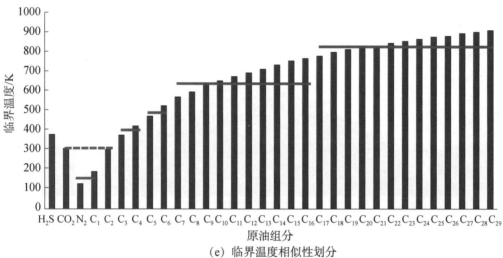

（e）临界温度相似性划分

图 2-8　热力学性质相近组分分组（续）

表 2-4　不同热力学参数相似性

参数	挥发性组分分组	中间组分分组	C_{7+}重组分分组
分子量	$(H_2S+C_2+N_2)$、(C_1)、(CO_2)	(C_3+C_4)、(C_5+C_6)	$(C_7—C_8)$、$(C_9—C_{14})$、$(C_{15}—C_{19})$、$(C_{20}—C_{29})$、(C_{30+})
沸点	$(H_2S+CO_2+C_2)$、(C_1+N_2)	(C_3+C_4)、(C_5+C_6)	$(C_7—C_{10})$、$(C_{11}—C_{19})$、$(C_{20}—C_{29})$、(C_{30+})
临界温度	(CO_2+C_2)、(C_1+N_2)、(H_2S)	(C_3+C_4)、(C_5+C_6)	$(C_7—C_{16})$、$(C_{17}—C_{29})$、(C_{30+})
临界压力	(CO_2)、(N_2)、(H_2S)、(C_1+C_2)	(C_3+C_4)、(C_5+C_6)	$(C_7—C_{16})$、$(C_{17}—C_{29})$、(C_{30+})
偏心因子	(CO_2)、(C_1+N_2)、(H_2S+C_2)	(C_3+C_4)、(C_5+C_6)	$(C_7—C_8)$、$(C_9—C_{14})$、$(C_{15}—C_{19})$、$(C_{20}—C_{29})$、(C_{30+})

虽然组分重组方案很多，但最佳的重组方式需要保证重组后的原油性质不变，相态特征保持一致。由此可制定组分重组可靠性判别标准，即可靠性判别标准应满足组分重组后的相图特征点变化幅度较小的原则。相图主要特征点包括：（1）两相临界点；（2）最大临界温度点；（3）最大临界压力点；（4）饱和压力点（图2-9）。

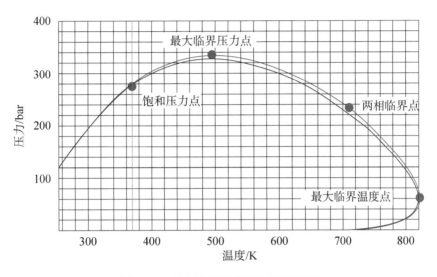

图2-9　重组相图可靠性判别标准

2. 组分重组实例

以卡沙甘油藏原油为例，原油组分构成见表2-2。按照常规的几种重组方式，设计了六种不同重组方案（表2-5），绘制了相应的相图（图2-10），并对比分析了各重组方案相图与实际相图的差异。

表2-5　不同的重组方案

方案一	方案二	方案三	方案四	方案五	方案六
H_2S	H_2S	H_2S	H_2S	H_2S	H_2S
CO_2	CO_2	CO_2	CO_2	CO_2	CO_2
N_2+C_1	N_2+C_1	N_2+C_1	N_2+C_1	N_2+C_1	N_2+C_1
C_2	C_2	C_2	C_2	C_2	C_2
$C_3—C_4$	$C_3—C_4$	$C_3—C_4$	$C_3—C_4$	$C_3—C_4$	$C_3—C_4$
$C_5—C_6$	$C_5—C_6$	$C_5—C_6$	$C_5—C_6$	$C_5—C_6$	$C_5—C_6$
$C_7—C_{10}$	$C_7—C_{16}$	$C_7—C_8$	$C_7—C_8$	$C_7—C_8$	$C_7—C_8$
$C_{11}—C_{19}$	C_{11+}	$C_9—C_{14}$	$C_9—C_{14}$	$C_9—C_{10}$	$C_9—C_{10}$
C_{20+}		$C_{15}—C_{19}$	C_{15+}	$C_{11}—C_{15}$	$C_{11}—C_{15}$
		C_{20+}		$C_{16}—C_{19}$	C_{16+}
				C_{20+}	

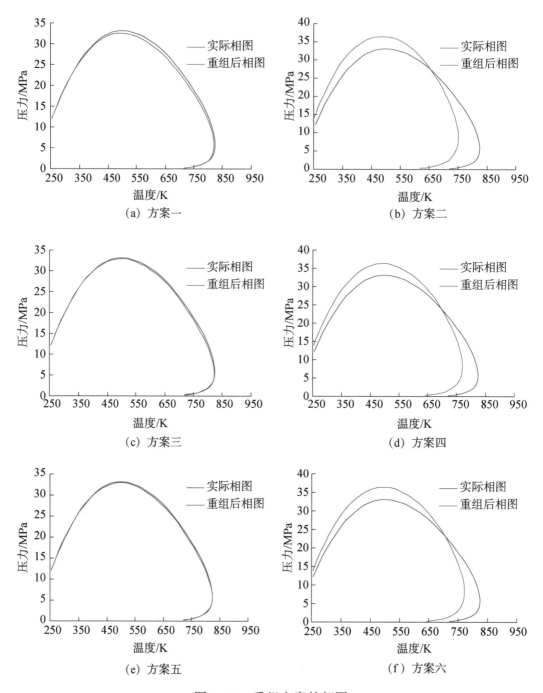

图 2-10　重组方案的相图

方案一、方案二、方案三、方案四、方案五、方案六的区别在于方案一、方案三、方案五分别在方案二、方案四、方案六组分个数基础上增加了一个 C_{20+} 的组分，但相图的差异却十分明显。方案一、方案三、方案五的相图与实际相图很接近，相图的形状和位置基本一致，相包络线基本重合；而方案二、方案四、方案六的相图却与实际相图存在较大的偏差，相图的基本形状发生了改变，主要特征点位置发生了变化，露点线和泡点线也不再重合。通过方案一、方案三、方案五的对比可以得出随着拟组分个数的增加，相图也与实际相图更加接近，但精度提高幅度相对减小。由于组分重组是为了减少运算成本，在合理精度范围内应尽量减少拟组分数量，因此最终选择方案一为最优重组方案。

三、原油相态拟合方法

在挥发性油藏开采过程中，原油的流体性质及相态随压力的下降而发生变化，实验室研究不能为开发方案提供相关的完整数据。通过油藏流体性质和相态模拟研究，不仅可以弥补实验室研究不足，还可以节省大量的时间和经费。原油相态拟合是组分模型数值模拟的基础，直接关系数值模拟计算的精度和运算速度。原油相态拟合主要包括地层流体重馏分的特征化、拟组分划分、相图计算、饱和压力计算、单次闪蒸实验拟合、恒质膨胀实验拟合、差异分离实验拟合、注气膨胀实验拟合等，得到能反映地层流体实际性质变化的 PVT 参数场，从而应用于组分模型数值模拟计算中。全组分模拟能精确地模拟挥发性油藏开采过程中油、气两相组分的变化，井流物中重组分含量以及原油物理性质的变化。

参与拟合回归的参数为重组分，轻组分一般不参与拟合，重组分拟合只设两组或者一组参数进行回归。在满足相态性质单调的前提下，要尽可能考虑多的参数，以保留尽可能多的影响因素。黏度的拟合是单独进行的，它是同密度相关的四次多项式，对密度大小非常敏感，可以调整临界体积和临界因子进行密度回归。临界体积和临界因子只用在密度计算中，不影响其他结果。

由于 PVT 相态拟合主观性强，不同的人会得到不同的拟合结果。因此，可引入海森矩阵和相关性矩阵来确定回归变量，提高拟合精度。在海森矩阵中找出每一列中比其与角线对应数值绝对值大的值对应的参数作为回归变量，小于绝对值的则不作为回归变量，完成回归变量的选择。在相关性矩阵中，把每一列接近 1 的数值（接近 1，表明这些参数之间相关性较好），只保留一个即可，从而便于精准筛选回归变量。

在以上每一步分析基础上，完成黏度、密度、气油比、体积系数等参数的拟合（图 2-11），从而获得临界参数库（表 2-6），为后续油藏数值模拟研究提供数据支撑。

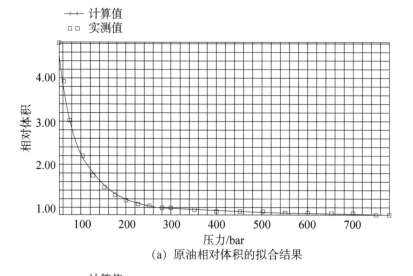

（a）原油相对体积的拟合结果

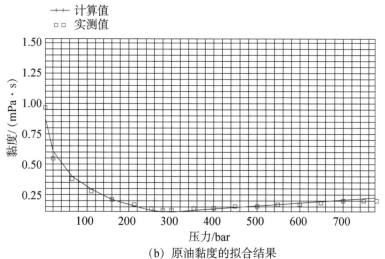

（b）原油黏度的拟合结果

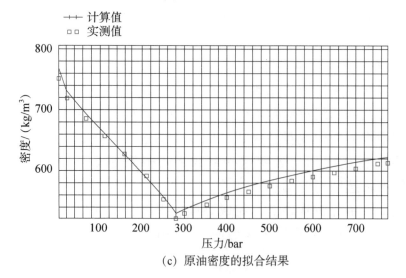

（c）原油密度的拟合结果

图 2-11 高压实验拟合情况

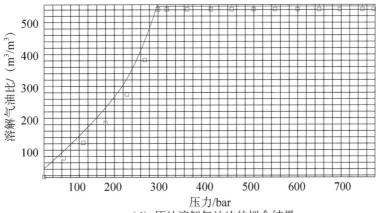

（d）原油溶解气油比的拟合结果

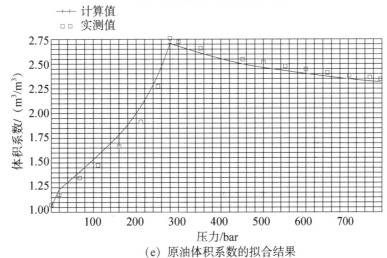

（e）原油体积系数的拟合结果

图 2-11　高压实验拟合情况（续）

表 2-6　拟组分临界参数拟合表

拟组分	原油组分/%	气体组分/%	摩尔质量/（g/mol）	临界压力/MPa	临界温度/K	偏心因子	等张比容	临界体积/（L/mol）	临界因子
H_2S	14.69	17.42	34.08	8.94	373.6	0.10	80	0.098	0.282
CO_2	4.12	4.92	44.01	7.39	304.7	0.23	78	0.094	0.274
CH_4	49.36	59.03	16.04	4.60	190.6	0.01	77	0.098	0.285
C_2	7.32	8.70	30.07	4.88	305.4	0.10	108	0.148	0.285
C_3—C_4	7.22	8.05	49.81	4.08	411.1	0.17	165	0.223	0.267
C_5—C_6	3.04	1.72	77.11	3.26	508.1	0.26	246	0.327	0.253
C_7—C_{10}	6.50	0.16	113.34	2.70	621.9	0.34	360	0.456	0.239
C_{11}—C_{19}	5.34	0	190.08	1.93	744.2	0.51	517	0.727	0.227
C_{20+}	2.41	0	437.91	1.22	896.0	0.80	887	1.681	0.276

第三节　挥发性原油物性表征方法

一、基于地层原油多级脱气实验的物性表征方法

以北特鲁瓦 CT-1，CT-6，CT-9，CT-3 四口井的多级脱气实验数据为基础，分别绘制溶解气油比、原油密度、体积系数与压力变化的关系图(图 2-12)。

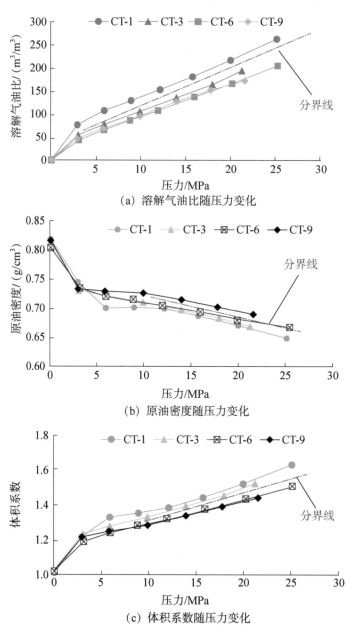

(a) 溶解气油比随压力变化

(b) 原油密度随压力变化

(c) 体积系数随压力变化

图 2-12　多级脱气实验数据统计结果

从图 2-12 中可以看出，实验数据存在明显的界线，分别选取 CT-1(C_{7+} 小于 24%)，CT-9(C_{7+} 大于 24%)井代表两种情况进行公式拟合。

（1）对于 C_{7+} 小于 24% 部分。

溶解气油比计算公式：

$$R_S = 9.4314p + 33.173 \tag{2-11}$$

原油密度计算公式：

$$\rho = -0.0053p + 0.7695 \tag{2-12}$$

体积系数计算公式：

$$B_o = 0.021p + 1.1216 \tag{2-13}$$

（2）对于 C_{7+} 大于 24% 部分。

溶解气油比计算公式：

$$R_S = 7.6435p + 15.23 \tag{2-14}$$

原油密度计算公式：

$$\rho = -0.0043p + 0.7748 \tag{2-15}$$

体积系数计算公式：

$$B_o = 0.0163p + 1.1093 \tag{2-16}$$

式中　R_S——溶解气油比，m^3/m^3；

ρ——原油密度，g/cm^3；

B_o——原油体积系数；

p——地层压力，MPa。

在得出以上各物理性质参数计算公式的基础上，利用 CT-12、CT-21、CT-24、CT-34、CT-42、CT-51 和 585 共 7 口井的实验数据验证新计算公式的计算精度。

新公式计算结果与实验数据对比结果如图 2-13 所示。与实验数据相比，溶解气油比计算结果的平均误差为 6.05%，原油密度计算结果的平均误差为 1.59%，体积系数结果的平均误差为 3.79%，总体计算结果较好，可以利用新公式作为北特鲁瓦油田原油物性的表征依据。

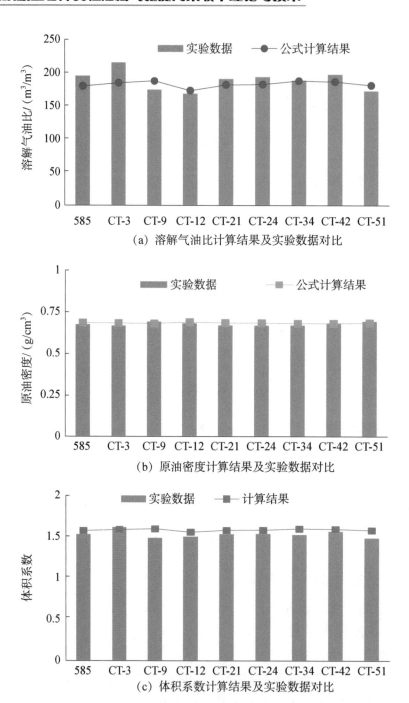

(a) 溶解气油比计算结果及实验数据对比

(b) 原油密度计算结果及实验数据对比

(c) 体积系数计算结果及实验数据对比

图 2-13　新公式计算结果与实验数据对比图

二、基于皮尔森公式物性表征方法

数学上常用皮尔森关联度来衡量两组数据集合的相互关系，当两个变量都是正态连续变量，可用其表现这两个变量之间相关程度。对于两个样本

$X=\{x_1,\ x_2,\ \cdots,\ x_n\}$，$Y=\{y_1,\ y_2,\ \cdots,\ y_n\}$，皮尔森计算公式如下：

$$r(X,\ Y)=\frac{\sum_{i=1}^{n}(x_i-\bar{x})(y_i-\bar{y})}{\sqrt{\sum_{i=1}^{n}(x_i-\bar{x})^2}\sqrt{\sum_{i=1}^{n}(y_i-\bar{y})^2}} \tag{2-17}$$

式中　n——特征维度；

　　　x_i、y_i——两个变量；

　　　$\bar{x}$、$\bar{y}$——X、Y的平均值。

相关系数取值为$-1\sim1$。相关系数的绝对值越大，相关性越强，即相关系数越接近1或-1，相关度越强；相关系数越接近0，相关度越弱。通常情况下，通过以下取值范围判断变量的相关强度(表2-7)。

表2-7　相关系数与变量相关强度关系

相关系数	0.8~1.0	0.6~0.8	0.4~0.6	0.2~0.4	0~0.2
变量的相关强度	极强相关	强相关	中等程度相关	弱相关	极弱相关或无相关

新公式推导过程可以划分为三个步骤：首先，通过查阅文献确定所要改进的公式类型，并明确公式中所要计算的物性参数与其他哪些物性参数相关；然后，通过皮尔森公式确定所要计算的物性参数与相关参数的相关性，优选出强相关参数；最后，通过多元拟合的方式获得新的计算公式。

新公式以Standing公式为基础进行推导。Standing在1947年提出的原油物性计算方法，在石油行业应用广泛，Glaso法、Marhoun法等经验公式都是在Standing公式基础上进行修正完善得出的，因此本次研究同样采用Standing公式为基本形式，推导建立研究区原油物性的新表征方法。饱和压力、溶解气油比、体积系数的Standing计算公式如下。

（1）饱和压力：

$$p_b=0.52541\left[\left(\frac{R_S}{\gamma_g}\right)^{0.83}\times10^{0.00091(1.8T+32)-0.0125(141.5/\gamma_o-131.5)}\right]-0.17566 \tag{2-18}$$

（2）溶解气油比：

$$R_S=0.178\gamma_g\left[\left(\frac{145.04p}{18.2}+1.4\right)\times10^{0.0125\left(\frac{141.5}{\gamma_o}-131.5\right)-0.00091(1.8T+32)}\right]^{1.2048} \tag{2-19}$$

（3）体积系数：

$$B_o=0.972+1.1213\times10^{-2}F^{1.175} \tag{2-20}$$

$$F = 0.1404 R_{\mathrm{S}} \sqrt{\gamma_{\mathrm{g}} / \gamma_{\mathrm{o}}} + 5.625 \times 10^{-2} T + 16 \qquad (2\text{-}21)$$

式中　p_{b}——饱和压力；

　　　γ_{g}——天然气相对密度；

　　　T——温度；

　　　γ_{o}——原油相对密度；

　　　R_{S}——溶解气油比；

　　　B_{o}——原油体积系数；

　　　p——地层压力。

对于饱和压力的计算，由式(2-18)得 Standing 法饱和压力计算通式：

$$p_{\mathrm{b}} = A \frac{R_{\mathrm{S}}^{0.83}}{\gamma_{\mathrm{g}}^{0.83}} \times 10^{BT - C\gamma_{\mathrm{o}}} + D \qquad (2\text{-}22)$$

式中　A，B，C——拟合系数。

采取 CT-12，CT-21，CT-24，CT-34，CT-42，CT-51 及 585 等 7 口井的实验数据，通过皮尔森公式计算可得饱和压力与式中不同参数的相关性(图 2-14)，其中饱和压力与天然气相对密度相关系数为 0.901，饱和压力与温度相关系数为-0.874，饱和压力与原油相对密度相关系数为 0.579，饱和压力与溶解气油比相关系数为 0.061。

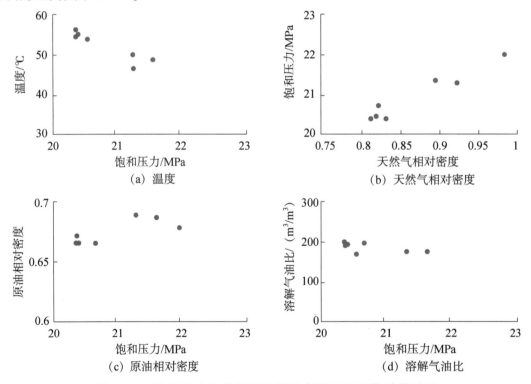

图 2-14　饱和压力与其他原油物性参数相关系数计算结果

根据参数敏感性分析可知，研究区饱和压力与天然气相对密度、温度及原油相对密度等参数的敏感性较强，与溶解气油比的敏感性较差，因此，保留公式中天然气相对密度、温度和原油相对密度等参数，通过多元拟合可得新公式：

$$p_b = \frac{-4.9395}{\gamma_g^{0.83}} \times 10^{0.0039T-0.1184\gamma_o} + 27.7198 \qquad (2-23)$$

通过皮尔森公式计算可得溶解气油比与式中不同参数相关性(图2-15)。溶解气油比与原油相对密度相关系数为-0.706，溶解气油比与地层压力相关系数为0.615，溶解气油比与天然气相对密度相关系数为0.205，溶解气油比与温度相关系数为0.112。

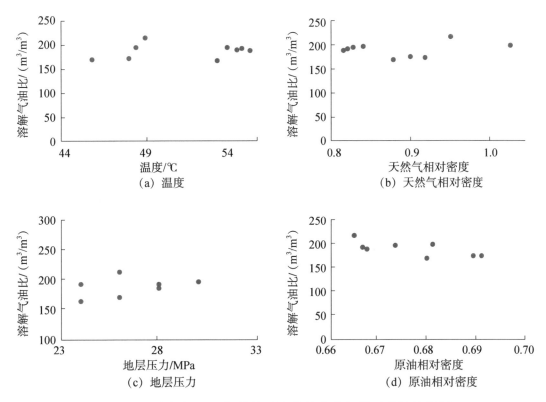

图2-15 溶解气油比与其他原油物性参数相关系数计算结果

根据参数敏感性分析可知，溶解气油比与原油相对密度、饱和压力等参数相比敏感性较强，与温度和天然气相对密度等参数相比敏感性较差。因此，保留公式中的原油相对密度和饱和压力，通过多元拟合可得新公式：

$$R_S = 1.0695 \left[(7.9596p + 0.9987) \times 10^{-0.2257\gamma_o} \right]^{1.0751} \qquad (2-24)$$

通过皮尔森公式计算可得体积系数与式中不同参数相关性(图2-16)。体积系数与溶解气油比相关系数为 0.943，体积系数与原油相对密度相关系数为 −0.673，体积系数与天然气相对密度相关系数为 0.349，体积系数与地层温度相关系数为 0.055。

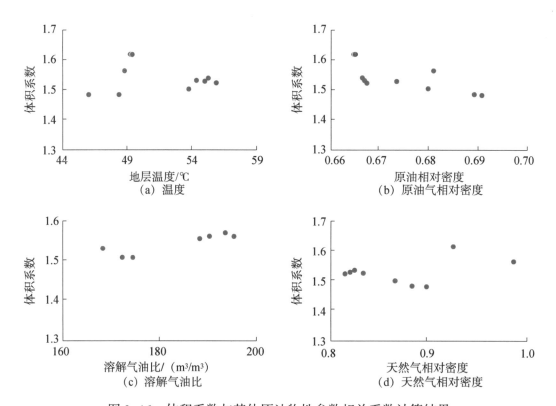

图 2-16　体积系数与其他原油物性参数相关系数计算结果

根据参数敏感性分析可知，体积系数与原油相对密度、溶解气油比等参数相比敏感性较强，与温度和天然气相对密度等参数相比敏感性较差。因此，保留公式中原油相对密度和溶解气油比，通过多元拟合可得新公式：

$$B_o = 0.9407 + 0.0059(0.1368R_S\gamma_o^{-0.5} + 16)^{1.1953} \qquad (2-25)$$

分别采用 CT-21，CT-24，CT-6，CT-9 的实验数据验证新公式计算结果的误差(图 2-17)。

计算结果表明，与实验数据相比，新公式饱和压力计算结果的平均误差为 1.443%，溶解气油比计算结果的平均误差为 6.735%，体积系数计算结果的平均误差为 2.637%。新公式总体计算结果误差较小，可以作为原油物性表征依据。

对基于地层原油多级脱气实验的物性表征方法和基于皮尔森公式的物性表征方法的适用性进行了分析。基于多级脱气实验得出的新公式，基本原理清晰，结构简单，计算方便，只有压力为唯一变量，在缺乏井场资料时优先推荐该方

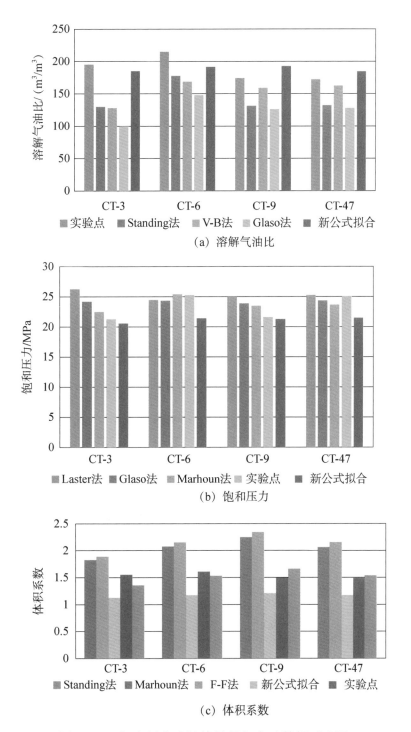

图2-17 新表征公式计算结果与实验数据对比图

法。同时，基于皮尔森公式得出的新公式结构较复杂，含有多个未知数，但其基本形式由经典计算公式推导得出，推广性更强，在井场资料较丰富时优先推荐该方法。

第四节　注气对挥发性原油组分及物性的影响

注气开发过程中，由于部分注入气体溶于原油，导致原油组分构成或含量发生改变，从而使原油的物性也会随之改变。注气对原油物性的影响规律是优化注气组分、预测或评价注气开发效果的重要依据。国内外关于注气对原油物性影响的研究主要集中于注 N_2、CO_2 和 CH_4 等气体，注高含 H_2S 和 CO_2 酸性气体的开发实例鲜见报道，该类气体注入过程中对原油的组分含量和物性特征的影响规律并不明确。

卡沙甘油田为高含 H_2S 和 CO_2 异常高压碳酸盐岩挥发性油藏，基于该油田原油注气膨胀实验拟合，围绕注 CH_4、高含 H_2S 和 CO_2 酸性产出气、去除 H_2S 和 CO_2 产出气对原油组分的变化及物性的影响规律开展了系统研究。

一、挥发性原油注气组分变化特征分析

1. 高于饱和压力条件下注气原油组分的变化特征

卡沙甘油田去除 H_2S 和 CO_2 酸性气体前后的产出气组分构成及含量见表 2-8。

表 2-8　产出气、去除 CO_2 和 H_2S 的产出气的组成

产出气		去除 CO_2 和 H_2S 的产出气	
组分	含量/%	组分	含量/%
H_2S	17.77	H_2S	0
CO_2	5.10	CO_2	0
N_2	1.13	N_2	1.47
CH_4	58.14	C_1	75.38
C_2	8.99	C_2	11.66
C_3	4.64	C_3	6.02
C_4	2.44	C_4	3.16
C_5	0.99	C_5	1.28
C_6	0.40	C_6	0.52
C_7	0.23	C_7	0.29
C_8	0.10	C_8	0.13
C_9	0.04	C_9	0.05
C_{10+}	0.03	C_{10+}	0.04

在高于原油饱和压力条件下，注入不同比例的 CH_4、高含 H_2S 和 CO_2 酸性产出气、去除 H_2S 和 CO_2 的产出气对卡沙甘油田原油组分含量变化的影响不同(图 2-18)，主要体现在三个方面：

(1)注入三种气体均会使原油中的 CH_4 含量增加，且随着注气量的增大 CH_4 含量也随之增大，其中注 CH_4 时原油中的 CH_4 含量增加幅度最大，注去除 H_2S 和 CO_2 产出气时的增加幅度次之，注产出气时的增加幅度最小。

(2)注 CH_4、去除 H_2S 和 CO_2 的产出气时，原油中间组分(C_2—C_6+CO_2 和 H_2S)的含量降低；注高含 H_2S 和 CO_2 酸性产出气时，原油中间组分的含量增加。

(3)注入三种气体均会使原油重质组分(C_{7+})的含量减少，且随着注气量的增大，重质组分含量的降幅越大。

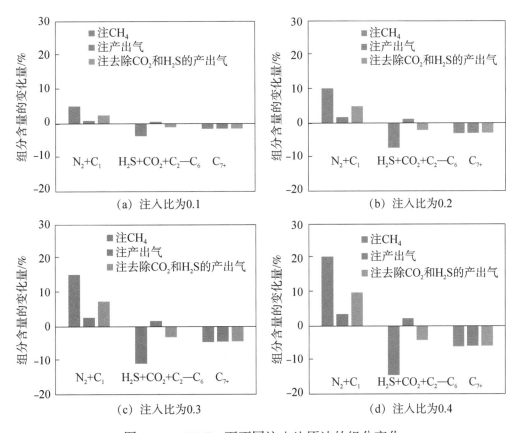

图 2-18 77MPa 下不同注入比原油的组分变化

原油组分含量表现出以上变化规律主要受注入气对原油的溶解机理影响。通过三元相图分析可知(图 2-19)，随着注气量的增大，原油的挥发性越强，且注 CH_4 对增大原油挥发性的作用最大，注去除 H_2S 和 CO_2 的产出气的作用次之，注高含 H_2S 和 CO_2 酸性产出气的作用最小。

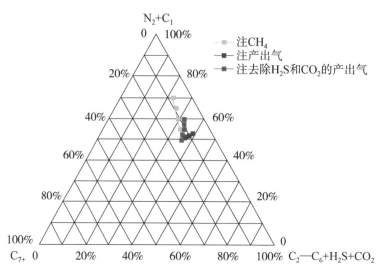

图 2-19　77MPa 下注入气对原油组分的影响

2. 低于饱和压力条件下注气原油组分的变化特征

在低于原油饱和压力条件下，注入不同比例的 CH_4、高含 H_2S 和 CO_2 酸性产出气、去除 H_2S 和 CO_2 的产出气对卡沙甘油田原油组分含量变化的影响也不相同（图 2-20），具体如下：

（1）注入三种气体均会使原油中的 CH_4 含量降低，且注高含 H_2S 和 CO_2 酸性产出气时原油中 CH_4 含量降低幅度最大，注去除 H_2S 和 CO_2 的产出气时的降幅次之，注 CH_4 时的降幅最小。

（2）注 CH_4 时，原油中间组分（C_2—C_6+H_2S+CO_2）的含量降低；注高含 H_2S 和 CO_2 酸性产出气、去除 H_2S 和 CO_2 的产出气时，原油中间组分的含量增加。

（3）注入三种气体，原油重质组分（C_{7+}）的含量都增加。

原油组分含量表现出以上变化规律主要受注入气对原油的抽提和溶解机理共同作用影响。通过三元相图分析可知（图 2-21），注 CH_4 时，当注入比较低时，主要表现为抽提机理，通过抽提原油中的轻质组分，导致原油挥发性变弱，但随着注入比增大，开始表现出溶解机理，原油中的轻质组分逐渐增大，原油的挥发性又逐渐变强。由于注高含 H_2S 和 CO_2 酸性产出气、去除 H_2S 和 CO_2 产出气中同时包含 CH_4 和中间组分，注入气与原油同时发生复杂的抽提和溶解作用，但整体上原油的挥发性变化不大。

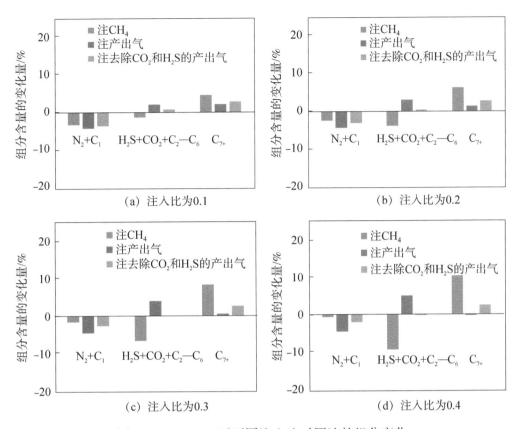

图 2-20　25MPa 下不同注入比时原油的组分变化

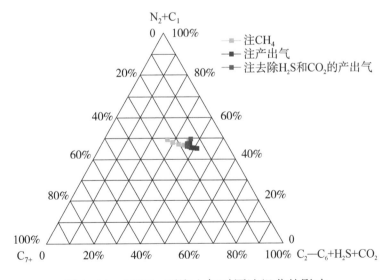

图 2-21　25MPa 下注入气对原油组分的影响

二、挥发性原油注气物性变化特征分析

在注气膨胀实验拟合基础上，分析了不同注入气组成及注入比对原油黏度、

密度、体积系数、溶解气油比、饱和压力等物性特征的影响。

1. 对原油黏度的影响

气驱能有效提高驱油效率的一个重要机理就是注入气体溶解到原油中可以降低原油的黏度。通过注入不同比例的 CH_4、高含 H_2S 和 CO_2 酸性产出气、去除 H_2S 和 CO_2 的产出气，对卡沙甘油田原油黏度的变化特征进行了分析。

注入不同比例高含 H_2S 和 CO_2 酸性产出气后原油黏度的变化如图 2-22 所示，从图上未注气曲线可以看出，当压力低于饱和压力时，原油中的轻质组分随着压力的降低逐渐从原油中析出，使得原油中的重质组分比例增大，从而导致原油黏度也逐渐增大。气驱过程中，由于注入气能够萃取原油中的轻质组分，因此，随着注入气量的增加，同压力条件下的原油黏度增加幅度也越大。当压力高于饱和压力时，原油处于饱和状态，受溶解机理作用影响，同一压力下，随着注入气比例的增加原油黏度随之降低，但与不注气相比下降幅度相对较小。

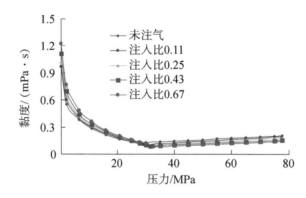

图 2-22 不同注入比下注入产出气原油黏度的变化

注入不同比例的 CH_4、高含 H_2S 和 CO_2 酸性产出气、去除 H_2S 和 CO_2 的产出气，对卡沙甘油田原油黏度的影响如图 2-23 和图 2-24 所示。总体上看，随着注入比例增加，不同注入气对原油黏度影响的差异越来越大，尤其是在低于饱和压力的情况下。同一注入比下，不同注入气对原油的黏度影响不同，当压力高于饱和压力时，同一压力下注 CH_4 的降黏效果优于注其他两种气体；当压力低于饱和压力时，同一压力下注 CH_4 的降黏效果不如注其他两种气体，且注高含 H_2S 和 CO_2 酸性产出气、去除 H_2S 和 CO_2 的产出气的降黏效果基本相同。

2. 对原油密度的影响

原油的密度由其组成决定，轻质组分含量越多，原油密度越小。气体的注入会引起原油的密度发生变化，不同注入气体、不同压力下原油密度的变化规律不同。通过注入不同比例的 CH_4、高含 H_2S 和 CO_2 酸性产出气、去除 H_2S 和 CO_2 的产出气，对卡沙甘油田原油密度的变化特征进行了分析。

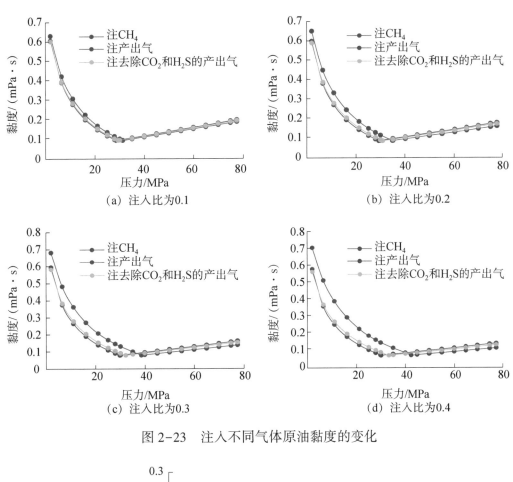

图 2-23　注入不同气体原油黏度的变化

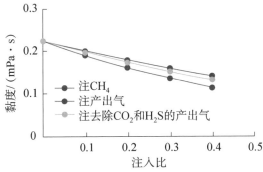

图 2-24　原始地层压力条件下注入不同气体原油黏度的变化

　　注入不同比例高含 H_2S 和 CO_2 酸性产出气后原油密度的变化如图 2-25 所示，从图中未注气曲线可以看出，当压力低于饱和压力时，原油脱气，使得原油中的轻质组分减少，原油的密度显著增加；气驱过程中，由于注入气能够萃取原油中的轻质组分，也会导致原油中重质组分的含量增加，原油密度随之增加，且随注入比例增大，同压力条件下的原油密度增加幅度也越大。当压力高于饱和压力时，受溶解机理作用，同一压力下随着注入气比例的增加，原油黏

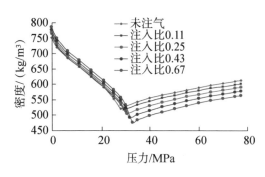

图 2-25 不同注入比下注入产出
气原油密度的变化

度降低,整体上不同注入气比例对原油密度增长的影响趋势相同,基本呈线性增长。

注入不同比例的 CH_4、高含 H_2S 和 CO_2 酸性产出气、去除 H_2S 和 CO_2 的产出气,对卡沙甘油田原油密度的影响如图 2-26 和图 2-27 所示。总体上看,随着注入比例增加,不同注入气对原油密度影响的差异越来越大,且同一注入比例下,不同注入气类型对原油密度的影响也不同。当压力高于饱和压力时,受注入气溶解机理作用影响,同一压力下注入不同气体都会使原油密度降低,且 CH_4 对原油密度下降幅度的影响较注其他两种气体更为明显;当压力低于饱和压力时,同一压力下注 CH_4 对原油密度下降幅度的影响不大,而注高含 H_2S 和 CO_2 酸性产出气、去除 H_2S 和 CO_2 的产出气对原油密度的下降幅度更为明显。

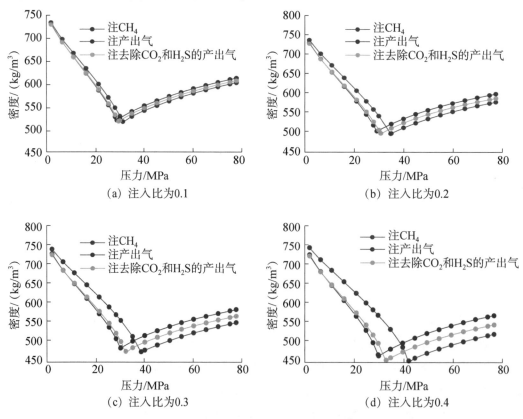

图 2-26 注入不同气体原油密度的变化

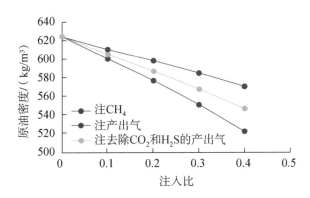

图 2-27　原始地层压力条件下注入不同气体原油密度的变化

3. 对原油体积系数的影响

气体溶解于原油中，原油的体积会发生变化，体积系数反映了注气后原油的体积变化。通过注入不同比例的 CH_4、高含 H_2S 和 CO_2 酸性产出气、去除 H_2S 和 CO_2 的产出气，对卡沙甘油田原油体积系数的变化特征进行了分析。

注入不同比例高含 H_2S 和 CO_2 酸性产出气后原油体积系数的变化如图 2-28 所示，从图上可以看出，当压力低于饱和压力时，不同注入气比例对原油体积系数的影响很小，仅在压力接近饱和压力时，同一压力下随注入气比例的增大，原油体积系数有增大趋势。当压力大于饱和压力时，原油处于饱和状态，同一注入气比例下，随着压力升高，体积系数呈下降趋势，但下降幅度较小；此外，受溶解机理作用影响，同一压力下随着注入气比例的增加原油体积系数随之增加，从而依靠原油体积膨胀的驱油效率也越大，这对于提高原油采收率有着积极的作用。

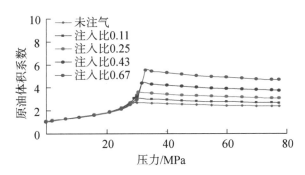

图 2-28　不同注入比下注入产出气原油体积系数的变化

注入不同比例的 CH_4、高含 H_2S 和 CO_2 酸性产出气、去除 H_2S 和 CO_2 的产出气，对卡沙甘油田原油体积系数的影响如图 2-29 和图 2-30 所示。总体上看，随着注入比增加，不同注入气对原油体积系数影响的差异越来越大。当压力高于饱和压力时，随着压力升高，同一注入比下原油体积系数呈逐渐下降趋势；同一压力下，特别是注入气比例大于 0.3 时，注 CH_4 的原油体积系数增大幅度高于注其他两种气体。当压力低于饱和压力时，同一压力下注入高含 H_2S 和 CO_2 酸性产出气、去除 H_2S 和 CO_2 的产出气对原油体积系数的增大幅度明显大于注入 CH_4，且注入高含 H_2S 和 CO_2 酸性产出气时原油体积系数增幅最大。

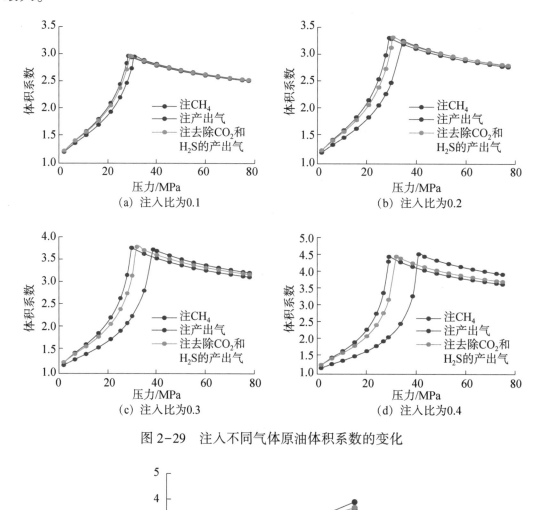

图 2-29 注入不同气体原油体积系数的变化

图 2-30 原始地层压力条件下注入不同气体原油体积系数的变化

4. 对原油溶解气油比的影响

地层原油中溶解有大量的气体，溶解气对原油的物性有着至关重要的影响。溶解气油比是衡量地层原油中溶解气量多少的物理参数，通常将地层原油在地面进行一次脱气实验，分离出的气体在标准条件下的体积与地面脱气原油体积的比值称为溶解气油比。通过注入不同比例的 CH_4、高含 H_2S 和 CO_2 酸性产出气、去除 H_2S 和 CO_2 的产出气，对卡沙甘油田原油溶解气油比的变化特征进行了分析。

注入不同比例高含 H_2S 和 CO_2 酸性产出气后原油溶解气油比的变化如图 2-31 所示，从图上可以看出：当压力低于饱和压力时，注入不同类型气体对原油溶解气油比的影响较小，仅当压力接近饱和压力时，同一压力下随注入气体比例增大，原油溶解气油比才呈现出较明显的增加趋势；当压力高于饱和压力时，受注入气溶解机理作用影响，同一压力下，注入气比例越大，原油气油比变化幅度较大，但同一注入气比例下，随压力升高，原油溶解气变化幅度很小。

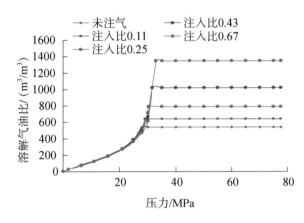

图 2-31　不同注入比下注入产出气原油溶解气油比的变化

注入不同比例的 CH_4、高含 H_2S 和 CO_2 酸性产出气、去除 H_2S 和 CO_2 的产出气，对卡沙甘油田原油溶解气油比的影响如图 2-32 和图 2-33 所示。总体上看，随着注入比例增加，不同注入气对原油溶解气油比影响的差异越来越大。当压力高于饱和压力时，随着压力升高，同一注入比例下原油溶解气油比基本保持稳定；但同一压力下，随着注入气比例升高，特别是注入气比例大于 0.3 之后，注 CH_4 的原油溶解气油比增大幅度高于注其他两种气体。当压力低于饱和压力时，同一压力下注入高含 H_2S 和 CO_2 酸性产出气、去除 H_2S 和 CO_2 的产出气对原油溶解气油比的增大幅度明显大于注入 CH_4，且注入高含 H_2S 和 CO_2 酸性产出气时原油溶解气油比的增幅最大。

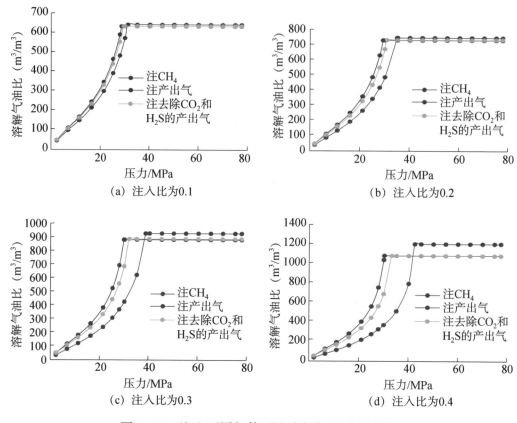

图 2-32 注入不同气体原油溶解气油比的变化

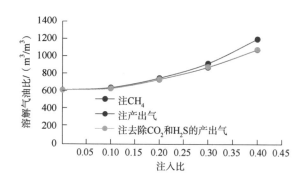

图 2-33 原始地层压力条件下注入不同气体原油溶解气油比的变化

5. 对原油饱和压力的影响

原油饱和压力是决定地下流体相态的关键因素，也是油藏动态分析最基础的参数之一。注入气与地下原油混合会影响油藏流体的饱和压力，其影响方式（增加或降低）和影响程度受注入气组成、注气量以及油藏地质条件等因素影响。通过注入不同比例的 CH_4、高含 H_2S 和 CO_2 酸性产出气、去除 H_2S 和 CO_2 的产出气，对卡沙甘油田原油饱和压力的变化特征进行了分析（图 2-34）。从图上可以看出，随着注入比的增加，原油饱和压力也逐渐增加，但不同注入气类型，原油饱和压力增加幅度存在明显差异，其中注入 CH_4 时的原油饱和压力增加幅度远大于注入其他两种气体，主要受 CH_4 与原油性质相差较大影响，只有通过提高压力才能增加其在原油中的溶解能力。注高含 H_2S 和 CO_2 酸性产出气、去除 H_2S 和 CO_2 的产出气也会提高原油饱和压力，但注入去除 CO_2 和 H_2S 的产出气对原油饱和压力的增幅略大。

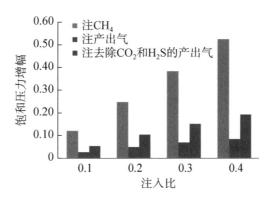

图 2-34　不同注入气体、注入比下原油的饱和压力增幅

第五节　注气对挥发性原油相态特征的影响

在注气开发过程中，经常会导致原油体系的组分、组成及压力和温度等热力学性质发生改变，从而引起原油体系一系列物理化学性质的变化。根据气—液相平衡理论，对挥发油体系在组成改变条件下的相态变化过程进行了研究。为了对比分析注高含 H_2S 和 CO_2 酸性产出气对卡沙甘油田原油相态的影响变化规律，基于 PR 状态方程的气液相平衡理论模型，分别模拟了注入 H_2S、CO_2、CH_4 和高含 H_2S 和 CO_2 酸性产出气等不同类型气体的膨胀实验。注入气摩尔分数均为 30%，并分别绘制了注气后的原油 p-T 相图（图 2-35）。

为了分析不同注入气体对原油相态特征变化的影响，分别统计了注气后原油 p—T 相图主要参数（表 2-7）。表中 D_{b-50} 定义为油藏温度下泡点线至等气液摩尔分数线的无因次距离，D_{b-50} 越小，表示流体挥发性越强。

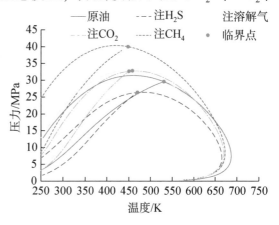

图 2-35　注气对 p—T 相图影响特征

表 2-9　注气过程 p-T 相图重要临界参数的变化

参数与变化幅度	原油	注 H_2S	注 CO_2	注 CH_4	注高含 H_2S 和 CO_2 酸性产出气
临界温度/K	529.26	468.05	448.71	446.70	456.72
临界温度变化幅度/%		−11.57	−15.22	−15.60	−13.71
临界压力/MPa	29.50	26.29	32.57	39.93	32.75
临界压力变化幅度/%		−10.89	10.38	35.34	10.99
最大凝析温度/K	686.13	664.19	669.52	671.94	667.43
最大凝析温度变化幅度/%		−3.20	−2.42	−2.07	−2.73
最大凝析压力/MPa	31.33	26.36	32.68	40.27	32.79
最大凝析压力变化幅度/%		−15.87	4.31	28.51	4.65
D_{b-50}	0.41	0.30	0.20	0.17	0.24
D_{b-50} 变化幅度/%		26.38	51.53	57.93	42.08

由图 2-35 和表 2-9 可以看出，挥发性原油的临界温度和最大凝析温度较高，分别达到了 529.26K 和 686.13K，在 373.15K 的油藏温度下对应的饱和压力为 28.39MPa，D_{b-50} 为 0.41。注入 H_2S 后，相图包络线所围面积，即两相区明显收缩，临界温度和临界压力均大幅度降低，下降幅度分别为 11.57% 和 10.89%，D_{b-50} 降低 26.38% 至 0.30，表明原油在注入 H_2S 后饱和压力明显降低，原油的挥发性有所加强。注入 CO_2 后，相图包络线所围面积变化幅度较小，泡点线和露点线与初始状态下的原油相图基本重合，油藏温度下的原油饱和压力变化很小；但注气后原油临界温度降低 15.22% 至 448.71K，临界压力升高 10.38% 至 32.57MPa，D_{b-50} 降低 51.53% 至 0.20，变化幅度较大，表明原油在注入 CO_2 后其挥发性也明显增强。注入 CH_4 后，原油的泡点线和临界点显著上移，临界温度降低 15.60% 至 446.70K，临界压力升高 35.34% 至 39.93MPa，D_{b-50} 大幅度减小 57.93% 至 0.17，表明油藏温度下原油注入 CH_4 后的饱和压力大幅升高，原油挥发性显著增强。注入高含 H_2S 和 CO_2 酸性产出气后，原油在注入气中的 H_2S、CO_2 和 CH_4 等组分的综合作用下，原油相图变化与注 CO_2 相似，D_{b-50} 降低 42.08% 至 0.24，原油挥发性增强，油藏温度下的原油饱和压力略有提高。

第三章　气驱混相能力评价方法

最小混相压力是确定注入气体与原油能否达到完全互溶混相的一个非常重要的参数,准确确定最小混相压力对油田注气开发可行性研究、注气开发方案设计具有重要指导意义。历经长时间的发展过程,已经形成了较为完善的最小混相压力的确定方法,本章重点围绕气驱相平衡计算方法、气驱相间传质规律、气驱最小混相压力计算方法等内容进行了详细阐述,并通过对地层温度、注入气组成、原油组成等参数的单因素分析系统评价了气驱最小混相压力的影响规律。

第一节　最小混相压力确定方法现状

最小混相压力是指在油层温度下,注入气体与原油达到多级接触混相的最小压力。最小混相压力是评价注气混相机理、指导油藏注气开发政策制定的一个重要参数。最小混相压力的确定方法主要有实验测定法和理论计算法两种。实验测定法可细分为细管实验法、升泡仪法、蒸汽密度测定法和界面张力消失法。理论计算法可以细分为经验公式预测法、数值模拟法、状态方程法、系线解析法和混合单元格法。

1983年,Stalkup[51]首次提出了采用细管实验法来确定最小混相压力,该方法目前是国际通用的测定最小混相压力的标准方法。细管实验装置由注入泵系统、细管、回压调节器、压力表、可视窗、液量计和气量计等组成(图3-1),其中不锈钢细管的长度大约为12m,外径为9.5mm。具体实验流程如下:将玻璃珠或者砂子填充到细管中,先用油将细管饱和,然后在实验温度和压力下,在细管入口处将气体注入到细管中驱替原油,在细管出口处收集驱替出的产出物,进行测定得到采收率曲线。有时,在细管的下游安装一个可视窗,这样可以观察混相驱替的过程,并做出压力与采收率曲线来推测出最小混相压力。图3-2是不同注入压力下,注入量为1.2PV时的原油采收率曲线,该驱替倍数下几乎都达到了各压力条件下的最大采收率。图中曲线的转折点表示排驱机理的变化,当压力小于转折点所对应的压力时,属于非混相驱替,此范围内随压力增加采收率也增加,原因是气驱混相程度随压力增大而增加。当压力大于转折点对应的压力时，属于混相驱，此时压力对采收率没有实质的影响。同时，当排驱试验的压力大于转折点对应的压力时，由观察窗可以看到排出物的颜色由深黑色逐渐转变为透明黄色，没有相界面存在。因此，将转折点所对应的压力视为油层排驱时的最小混相压力。如果操作适当，用细管实验可以精确得到注气驱替原油最小混相压力，但是细管实验花费大，耗时长。

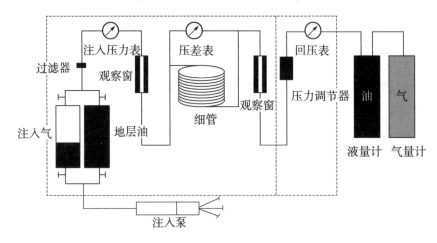

图 3-1　细管实验流程图

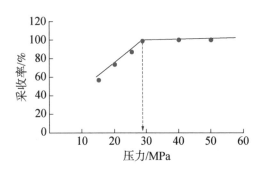

图 3-2　不同压力下(注入量为 1.2PV)
的采收率曲线

Christiansen 和 Haines[52] 于 1986 年提出由升泡仪法测定最小混相压力，升泡仪法的测定周期较短(测定 1 个油气系统的最小混相压力大约只用一天)，花费较小；此外，升泡仪法可以直接观察油气的混相过程，且不需要与采收率有关的压力来确定最小混相压力。升泡仪法的主要流程是将油品充满可视高压容器中，通过观察气泡的上升特征来确定最小混相压力。升泡仪法的实验装置如图 3-3 所示，实验流程如下：将玻璃细管垂直安装在可以控制温度的浴锅中的高压观测计上，观测计后有灯光照明，以便观察和拍摄油中上升的气泡，玻璃细管先装满原油，然后将气体注入细管中，这样可以在一系列压力下观察和拍摄上升气泡的形状和运动状态。在用升泡仪法测定最小混相压力时，需要一个经验压力，通过观察在这个压力下上升气泡的状态来确定最小混相压力。1992 年，Elsharkawy 等[53]指出，对于简单的凝析或蒸发气驱过程，用升泡仪法测定的最小混相压力与用细管实验确定的最小混相压力是一致的。1995 年，Zhou 和 Orr[54]指出，采用升泡仪法只能通过观察气泡的形状和大小来预测凝析(蒸发)气驱的最小混相压力，这带有很大的主观性，而且不能确定最小混相压力的相关数据。

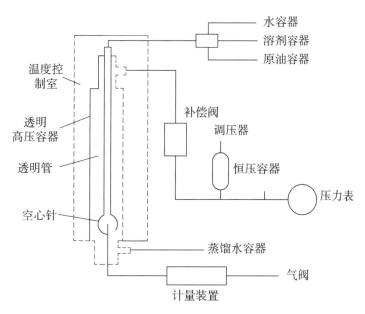

图 3-3　升泡仪法实验装置图

1988 年，Harmon 和 Grigg[55] 提出了测定最小混相压力的蒸气密度测定法（图 3-4）。蒸气密度测定法通过直接测定一系列压力下注入气体的密度，得到注气密度和压力的关系，再通过气体和原油的溶解性质确定注入气和原油是否达到混相，从而确定最小混相压力。但是，蒸气密度测定法没有标准的实验流程和判断是否达到混相的标准，实验操作的可重复性不强，并且应用面不广，因此，只能在小范围内使用。

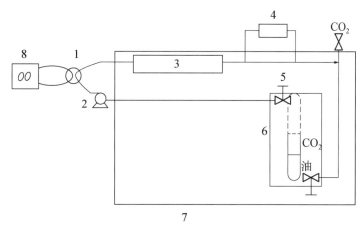

图 3-4　具有蒸气相采样装置的 PVT 测试仪

1—取样阀；2—泵；3—密度计；4—传感器；5—毛细管；6—带观察孔的 PVT 仪；
7—空气恒温器；8—气相色谱仪

1998 年，另一种测定最小混相压力的界面张力消失法被提出，它是在油藏温度条件下，将气体注入油藏，驱替原油，当注入气体和原油达到混相，两相变成一相时，两相流体之间的界面张力减小为零，这时对应的压力就为最小混相压力。该方法具有快速、简单等优点，但由于所用的实验仪器需要很高的精度，难以被广泛应用[56]（图 3-5）。

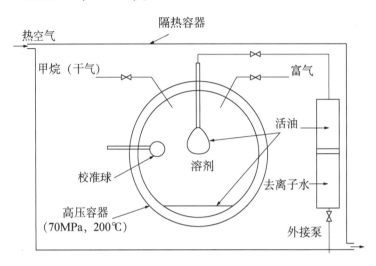

图 3-5　界面张力消失仪

在大量细管实验数据的基础上，很多学者提出了确定最小混相压力的经验公式。1960 年，Benham 等[57]最早提出了利用经验公式确定最小混相压力的方法，该经验公式主要用于富气驱油，最小混相压力与原油重质组分分子质量、气体的中间组分的分子质量和温度有关。1995 年，Dindoruk 等[58]指出，确定最小混相压力的经验公式是针对不同注入气体的，例如 CO_2 气驱、CH_4 气驱、N_2 或混合气驱。没有一个经验公式能够预测任意原油、注入气体组成的最小混相压力。因此，在使用经验公式时要注意适用范围。

1980 年，Yelling 和 Metcalfe[59]提出了通过模拟一维细管实验确定最小混相压力的方法，即数值模拟法。数值模拟法确定最小混相压力需要对地层流体 PVT 数据进行较好的拟合，利用一维组分模型，做出压力和采收率的关系曲线图，最后根据关系图确定最小混相压力。但由于数值模拟法会受到扩散的影响，预测得到的最小混相压力可能不准确。此外，数值模拟法也很花费时间，因为模拟细管实验和做细管实验一样，要做出不同压力下的采收率曲线，然后从图中找到拐点，拐点对应的压力就是最小混相压力。2002 年，Johns 等[60]提出要想得到更精确的最小混相压力，要不断模拟不同扩散程度下的压力和采收率图，然后外推到无扩散下的最小混相压力。

1994 年，Ahmed[61]提出了利用状态方程法计算最小混相压力，该方法以

PR 状态方程为基础，并引入"混相函数"概念来确定最小混相压力。

1993 年，John 等[62]提出了系线解析法确定最小混相压力。这种方法是建立在拟三元相图的基础上，根据交叉系线的长度来确定是否达到混相。当达到混相时，交叉系线的长度缩为一点，即临界点，这时交叉系线的长度为 0。系线解析法也经历了一个复杂的发展过程。1996 年，John 和 Orr[63]利用系线解析法确定了单一注入气体到四组分气体的最小混相压力。1997 年，Wang 和 Orr[64]建立了含有任意组分气体驱替原油的确定最小混相压力的方法，主要是应用牛顿—迭代法寻找系线组成，并计算系线长度。1998 年，Jessen 等[65]通过修改牛顿迭代法中的逸度方程改进了 Wang 和 Orr 的方法，提高了计算速度。2005 年，Yuan 和 Johns[66]在 Jessen 的基础上对系线解析法进行了简化，该方法减少了方程和未知参数的个数。

Hutchinson 等[67]（1961）、Cook 等[68]（1969 年）、Metcalf 等[69]（1973 年）、Pedersen 等[70]（1986 年）、Clancy 等[71]（1986 年）、Lake[72]（1989 年）、Jensen 和 Michelsen[73]（1990 年）、Neau 等[74]（1996 年）对混合单元格法开展了研究。混合单元格法确定最小混相压力的基本观点是在单个或者多个网格中将注入气体和原油重复接触，产生新的平衡相组成。在蒸发气驱过程中（注入贫气），原油中的中间组分蒸发到注入气体中，当平衡气相不断和原油接触后形成混相，平衡气相的组成系线也向原油系线靠近。因此，在蒸发气驱中，原油系线控制着混相。蒸发气驱中的混相是在驱替前缘发生的。在凝析气驱过程中（注入富气），气体中的中间组分凝析到原油中，是气体系线控制着混相。凝析气驱中的混相是在驱替后缘发生的。在蒸发或凝析单一驱替方式下，混合单元格法确定的最小混相压力精度较高，但由于大多数的驱替是凝析/蒸发驱替同时进行的，因此利用混合单元格法单独考虑一种驱替方式来确定最小混相压力是不准确的。2011 年，Ahmadi 和 Johns[75]提出了一种简单、实用的混合单元格法来确定含有任意组分系统的最小混相压力，该方法从两个网格开始，网格数逐渐增长到主系线满足所要求的精度，然后当第一条主系线长度为 0 时的压力就为所要确定的最小混相压力。该方法可以得到所有驱替中的主系线，且在确定最小混相压力时只需要寻找最短的主系线。

表 3-1 和表 3-2 列出了现有的最小混相压力确定方法的优缺点。

表 3-1　实验测定方法确定最小混相压力的优缺点

实验方法	优点	缺点
细管实验法	预测结果准确，可重复实验	实验设备要求高，时间长
升泡仪法	仪器要求不高，耗时短	受人为因素影响，应用有限

实验方法	优点	缺点
界面张力消失法	具有理论基础，耗时短	受人为因素影响，应用有限
蒸汽密度测定法	实验耗费少，耗时短	具有不可重复性

表 3-2　理论计算方法确定最小混相压力的优缺点

理论方法	优点	缺点
经验公式预测法	快捷简便	基于经验数据，适用性差
数值模拟法	结果可靠性高	对流体 PVT 物性拟合要求高
状态方程法	计算简单	没有考虑相间的多级接触和传质作用
系线解析法	精度高	依赖流体组分性质
混合单元格法	计算简单，精度高，可模拟多次接触	数据要求精度高

第二节　修正的相平衡计算方法

预测最小混相压力的核心是相平衡计算。相平衡计算原理为通过迭代求解油气各组分的逸度，当各组分逸度相等时，即认为达到相平衡。目前，相平衡计算针对挥发油与酸性烃类气体混合时的运算速度较慢，且常常计算不收敛。考虑组分对相平衡常数 K_i 的影响，结合 PR 状态方程建立了新的相平衡计算模型，并利用负闪蒸及修正的混合迭代算法，克服了在临界点附近原油性质发生剧烈变化时产生的计算不收敛问题，保证相平衡计算的稳定性。

最早提出负闪蒸概念的是 Whitson 和 Michelsen[76]（1989 年），他们放宽了进行闪蒸计算的点必须在两相区的规定。因此，在三角相图中位于单向区的点都可以进行负闪蒸计算，得到液相和气相的组成。以图 3-6 为例，图中 A、B 和 C 三点都不位于三角相图的两相区，但是都可以进行负闪蒸计算得到气相和液相的组成。

和常规闪蒸计算一样，负闪蒸计算是从平衡比 K 的初值开始的。通常应用 Wilson 方程计算一个初始平衡比，然后应用牛顿迭代法计算 Rachford-Rice 方程得到气相摩尔分数，迭代方程如下：

$$h(v) = \sum_{i=1}^{N} \frac{z_i(K_i - 1)}{1 + v(K_i - 1)} \tag{3-1}$$

通过迭代方程得到气相摩尔分数 v 后，体系的液相和气相组成分别如下：

$$x_i = \frac{z_i}{1+v(K_i-1)} \quad i=1, 2, \cdots, N \tag{3-2}$$

$$y_i = \frac{z_i K_i}{1+v(K_i-1)} \quad i=1,\ 2,\ \cdots,\ N \tag{3-3}$$

式中　　z_i——体系(气相+液相)中组分 i 的总摩尔分数;

$\quad\quad\ K_i$——体系(气相+液相)中组分 i 的平衡比;

$\quad\quad\ v$——体系中气相的摩尔分数;

$\quad\quad\ x_i$——组分 i 在液相中的摩尔分数;

$\quad\quad\ y_i$——组分 i 在气相中的摩尔分数。

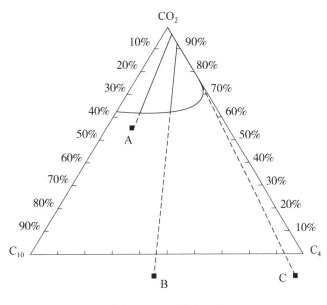

图 3-6　三角相图

利用 PR 状态方程计算逸度,通过逸度重新计算体系中组分 i 的平衡比 K_i,直到迭代收敛。Whitson 和 Michelsen 认为上面介绍的闪蒸计算方法会遇到气相摩尔分数不收敛的问题,气相摩尔分数的范围从常规闪蒸计算的(0,1)扩大到下面的范围:

$$\frac{1}{1-K_{\max}\dfrac{1}{1-K_{\min}}} \tag{3-4}$$

Rachford-Rice 迭代方程被广泛应用于状态方程的相平衡计算中,然而这种方法通常收敛很慢,有时甚至不能收敛,因此出现了很多简单而又稳定的方法来代替 Rachford-Rice 方法。Wang 和 Orr[64] 引入了混合迭代方法,加强目标函数的线性化,进而提高了临界点处目标函数的收敛性。与 Whitson 和 Michelsen 方法相似,新的目标函数和范围的引出需要在 K 值的基础上对组分的顺序重新排序，现在假设 $K_1 > 1 > K_N$。

$$z_i = x_i [1 + (K_i - 1)v] \quad i = 1, 2, \cdots, N \tag{3-5}$$

由式(3-5)可知：

$$x_i = \frac{z_i x_1 (K_1 - 1)}{(K_i - 1) z_i + x_1 (K_1 - K_i)} \tag{3-6}$$

各组分之和一定为1，故有：

$$x_N = 1 - \sum_{i=1}^{N-1} x_i \tag{3-7}$$

$$y_N = 1 - \sum_{i=1}^{N-1} y_i \tag{3-8}$$

$$x_i = y_i K_i \tag{3-9}$$

将式(3-7)和式(3-9)代入式(3-8)中，再整理得到：

$$1 + \frac{(K_1 - K_N)}{K_N - 1} x_1 + \sum_{i=2}^{N-1} \frac{(K_i - K_N)}{K_N - 1} x_i = 0 \tag{3-10}$$

把式(3-6)代入式(3-10)中得到：

$$F(x_1) = 1 + \frac{(K_1 - K_N)}{K_N - 1} x_1 + \sum_{i=2}^{N-1} \left[\frac{z_i (K_i - 1) x_1}{(K_i - 1) z_1 + (K_1 - K_i) x_1} \right] = 0 \tag{3-11}$$

新的目标方程的正确解在一个小范围内，这个范围能保证式(3-6)是正的，因此 x_1 的范围如下：

$$\left(\frac{1 - K_N}{K_1 - K_N} \right) z_1 \leqslant x_1 \leqslant \frac{1 - K_N}{K_1 - K_N} \tag{3-12}$$

这个新的目标函数总是能收敛到物理根，无论总组成是正是负，但是当 $x_1 = 0$ 时，没有有效解；当通过同一个组成的系线很多时，这个新的目标函数可以得到所有系线或者得到负闪蒸的解；得到的解一定在式(3-12)这个范围内；在式(3-12)这个范围内，目标函数总是线性的；在式(3-12)这个范围的最小值处目标函数为正，在最大值处目标函数为负；和 Rachford-Rice 法相比，新的目标函数能够减少截断误差。以上这些特点使得新的目标函数和 Rachford-Rice 法相比能够减少迭代次数。

该模型计算方法收敛性强、结果相对误差小于 0.005%，可以计算出不同压力条件下油气各组分的组成，为评价各组分相间传质能力奠定基础。

第三节　气驱相间传质规律

蒸发混相和凝析混相都表现为一次接触和多级接触混相过程(图 3-7)，其本质是油气相间接触发生组分传质(组分交换)，导致接触时产生新的油气组分，当新产生的油、气组分性质逐渐相似时，界面张力逐渐降低，气液界面变得模糊，当界面张力消失时，认为达到混相。相间组分传质能力是影响相平衡及混相程度的关键因素。

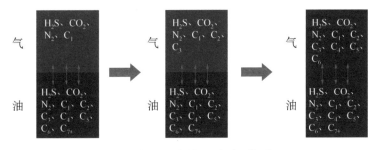

图 3-7　多级混相气驱相间传质过程

在实际注气开发过程中，很难形成一次接触混相，多次接触混相是注气混相驱替的研究重点。多级接触混相时，注入气体后，油藏原油与注入气之间发生就地的组分传质作用，形成一个驱替相过渡带，其流体组成由原油组成过渡为注入流体的组成，这种原油与注入流体在流动过程中重复接触并依靠组分的就地传质作用达到混相的过程，称为多级接触混相或动态混相。在多级接触混相驱中，常用到两个概念：向前接触和向后接触。向前接触是指平衡的气相与新鲜的原油相接触，通过蒸发或抽提作用进行相间传质，而向后接触是指平衡的液相与新鲜注入气之间不断进行的相间传质。这两种驱替过程在地层中是同时但在不同地点发生的，向前接触发生在前缘，而向后接触发生在后缘。

由以上驱替机理可以得知，多级接触混相的关键机理在于相间传质，而相间传质过程是通过流体热力学理论中的相平衡计算方法来描述的。利用建立的相平衡计算模型分析不同注入气组成与不同性质原油的相间传质能力，评价不同注入气组分对不同类型原油中间组分和重组分的萃取能力。相间传质能力利用相间传质能力系数求取，相间传质能力系数=注气后原油中各组分含量/注气前原油中各组分含量。图 3-8 为不同注入气(CO_2、CH_4、C_2—C_4、C_5—C_6)与黑油和挥发油的传质能力。从图中可以看出，黑油相间传质能力排序如下：

C_2—C_4>CO_2>C_5—C_6>CH_4，挥发性原油相间传质能力排序如下：CO_2>C_2—C_4>C_5—C_6>CH_4。

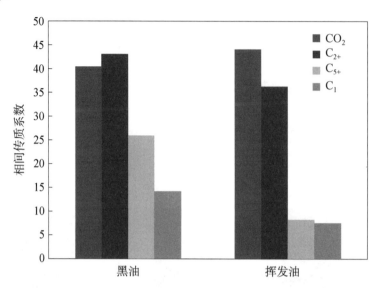

图 3-8　不同注入气与不同性质原油的相间传质能力

第四节　气驱最小混相压力计算方法

一、经验公式法

1. 预测 CO_2 驱油最小混相压力的方法

（1）Yelling 和 Metcalfe 公式[77]。

$$p_{mm} = 1833.717 + 2.2518055T + 0.018006 74T^2 - \frac{103949.93}{T} \qquad (3-13)$$

式中　p_{mm}——最小混相压力（MMP），psi；

　　　T——油藏温度，℉。

（2）Cronquist 公式[56]。

$$p_{mm} = 15.9988T^{0.744206 + 0.0011038M_{C_{5+}} + 0.0015279C_1} \qquad (3-14)$$

式中　C_1——油相中甲烷和氮气的摩尔分数，%；

　　　$M_{C_{5+}}$——戊烷及更重馏分的摩尔质量，g/mol。

（3）Glaso 公式[78]。

当原油中 C_2—C_6 馏分的摩尔分数大于 18% 时：

$$p_{mm} = 810 - 3.404 M_{C_{7+}} + \left[1.7 \times 10^{-9} M_{C_{7+}}^{3.73} e^{(786.8 M_{C_{7+}}^{-1.058})} \right] T \qquad (3-15)$$

当原油中 C_2—C_6 馏分的摩尔分数小于 18% 时：

$$p_{mm} = 2947.9 - 3.404 M_{C_{7+}} + \left[1.7 \times 10^{-9} M_{C_{7+}}^{3.73} e^{(786.8 M_{C_{7+}}^{-1.058})} \right] T - 121.2 P_{C_2-C_6}$$

$$(3-16)$$

式中 $M_{C_{7+}}$——C_{7+} 的摩尔质量，g/mol；

$\qquad P_{C_2-C_6}$——油藏流体中 C_2—C_6 的摩尔分数，%。

（4）Alston 公式[79]。

对于纯 CO_2：

$$p_{mm} = 8.78 \times 10^{-4} T^{1.06} M_{C_{5+}}^{1.78} \left(\frac{X_{vol}}{X_{int}} \right)^{0.136} \qquad (3-17)$$

对于非纯 CO_2：

$$p_{mm} = 8.78 \times 10^{-4} T^{1.06} M_{C_{5+}}^{1.78} \left[\left(\frac{X_{vol}}{X_{int}} \right)^{0.136} \left(\frac{87.8}{T_{cm}} \right)^{170/T_{cm}} \right] \qquad (3-18)$$

$$T_{cm} = \sum_{i=1}^{n} w_i T_{ci} - 459.7 \qquad (3-19)$$

式中 $M_{C_{5+}}$——C_{5+} 的摩尔质量，g/mol；

$\qquad X_{vol}$，X_{int}——原油中挥发成分（N_2 和 C_1）的摩尔分数及中间烃（C_2—C_4，CO_2，H_2S）的摩尔分数，%；

$\qquad w_i$——组分 i 的质量分数；

$\qquad T_{ci}$——组分 i 的临界温度，°R；

$\qquad T_{cm}$——注入气体的平均临界温度，°F。

（5）Yuan 公式[80]。

对于纯 CO_2：

$$p_{mm} = a_1 + a_2 M_{C_{7+}} + a_3 P_{C_2-C_6} + \left(a_4 + a_5 M_{C_{7+}} + a_6 \frac{P_{C_2-C_6}}{M_{C_{7+}}^2} \right) T + \left(a_7 + a_8 M_{C_{7+}} + a_9 M_{C_{7+}}^2 + a_{10} P_{C_2-C_6} \right) T^2$$

$$(3-20)$$

对于含有甲烷等杂质的 CO_2：

$$\frac{p_{mimpure}}{p_{mm}} = 1 + m(P_{CO_2} - 100) \qquad (3-21)$$

$$m=a_1+a_2M_{C_{7+}}+a_3P_{C_2-C_6}+\left(a_4+a_5M_{C_{7+}}+a_6\frac{P_{C_2-C_6}}{M_{C_{7+}}^2}\right)T+(a_7+a_8M_{C_{7+}}+a_9M_{C_{7+}}^2+a_{10}P_{C_2-C_6})T^2$$

$$(3-22)$$

式中　$a_1 \sim a_{10}$——回归系数；

　　　$P_{C_2-C_6}$——油相中 C_2—C_6 的摩尔分数，%；

　　　P_{CO_2}——气相中 CO_2 的摩尔分数，%；

　　　$p_{mimpure}$——含有甲烷等杂质时的 MMP，psi；

　　　m——系数。

（6）美国能源部计算 CO_2 驱最小混相压力方法（NPC 法）[56]。

美国能源部的 CO_2 与原油的最小混相压力计算经验公式是通过油藏温度及原油中的 C_{5+} 分子量来预测 MMP。该经验公式主要是基于美国原油及油藏温度条件而建立的：

$$MMP=-329.558+(7.727\times M_W\times 1.005^T)-(4.377\times M_W) \qquad (3-23)$$

式中　M_W——C_{5+} 分子量，可以通过经验公式（3-23）计算而得。

$$M_W=\left(\frac{7864.9}{G}\right)^{\frac{1}{1.0386}} \qquad (3-24)$$

将该方法应用到国内油田，计算的 MMP 准确度偏低，这主要是国内原油的组分分布不同于国外原油，因此预测 MMP 的相关公式需要进行必要的修正，但是该方法提出的思路仍然具有很重要的参考价值。为此，刘庆杰等人对式（3-24）提出改进，其改进式如下：

$$M_W=\left(\frac{8864.9}{G}\right)^{\frac{1}{1.012}} \qquad (3-25)$$

式中　M_W——C_{5+} 以上分子量；

　　　G——地面原油重度，°API。

该方法的特点：需要的资料简单，容易获得，国内外应用较广泛。

2. 预测烃类气体驱油最小混相压力的方法

Abbas 等[81]给出了干气驱油最小混相压力预测模型：

$$p_{mm}=9433-188\times 10^3\left(\frac{p_{C_2-C_5}}{M_{C_{7+}}T^{0.25}}\right)+1430\times 10^3\left(\frac{p_{C_2-C_5}}{M_{C_{7+}}T^{0.25}}\right)^2 \qquad (3-26)$$

式中　$P_{C_2—C_5}$——油相 C_2—C_5+H_2S+CO_2 的摩尔分数,%。

Kuo[82] 给出了富气驱油最小混相压力预测模型:

$$\lg C_1 = (A+B \cdot T)\lg T + C\lg p_{mm} + D\lg M_{W_{C_{5+}}} + (E+F \cdot M_{W_{C_{2+}}})\lg M_{W_{C_{2+}}} \quad (3-27)$$

式中　$M_{W_{C_{5+}}}$——原油 C_{5+} 的分子量;

　　　$M_{W_{C_{2+}}}$——气相 C_{2+} 的分子量;

　　　C_1——气相 C_1 的摩尔分数,%;

　　　A,B,C,D,E 和 F——系数。

3. 预测 N_2 驱油最小混相压力的方法

Sebastian 等[83] 提出了 N_2 驱油最小混相压力预测模型:

$$p_{mm} = 4603 - 3283\left(\frac{X_{C_1} \times T}{M_{C_{7+}}}\right) + 4.776\left(\frac{X_{C_1}^2 \times T^2}{M_{C_{7+}}}\right) - \left(\frac{X_{C_2—C_6} \times T^2}{M_{C_{7+}}}\right) + 2.05 M_{C_{7+}} - 7.541T$$

$$(3-28)$$

式中　$X_{C_2—C_6}$——C_2—C_6 和 CO_2 的摩尔分数;

　　　X_{C_1}——原油中 C_1 的摩尔分数。

二、数值模拟法

利用数值模拟法模拟细管实验,从而可预测气驱油的最小混相压力。数值模拟法模拟细管实验是将油层进行最大限度简化后形成一维模型,其作用是给油藏原油和注入气体提供一个多孔介质中连续接触的环境,排除一些不利的影响因素。细管模拟的孔隙度、渗透率并不要求与油藏条件完全相同,得到的采收率也不是油藏混相驱替开采的原油采收率,但得出的最小混相压力可以代表所测定的油气系统。细管实验可以得到采收率、出口产出流体组成等数据,通过分析注入压力与采收率的关系来确定最小混相压力。

细管模拟采用一维组分模型,在细管模拟中一般把细管长度等分,横截面积为正方形,将网格只在 x 方向划分,并在第一个网格块设置一口定量注入井,最后一个网格块设置一口定压生产井。在油层条件下用原油将细管饱和,模拟所用的注入溶剂组成与细管实验所用气体组成相同。

1. 模型的基本假设

进行细管实验模拟研究时,必须假设:(1)细管内流体均服从达西定律;(2)细管内只有油相、气相,不考虑水相;(3)驱替过程中各组分之间有相间质量传递和相态变化,平衡瞬间完成;(4)油气系统有 n_c 个组分;(5)需要考虑岩石的压缩性和渗透率的各向异性；（6）忽略重力影响；（7）等温驱替。

2. 数学模型

（1）基本微分方程。

组分 i 的流动方程：

$$\frac{\partial}{\partial x}\left(\lambda_o \rho_o x_i \frac{\partial \phi_o}{\partial x}\right) + \frac{\partial}{\partial x}\left(\lambda_g \rho_g y_i \frac{\partial \phi_g}{\partial x}\right) + q_i = \frac{\partial}{\partial t}\left[\phi(\rho_o S_o + \rho_g S_g) z_i\right] \quad i = 1, \ 2, \ \cdots, \ n_c$$

$$(3-29)$$

总烃方程：

$$\frac{\partial}{\partial x}\left(\lambda_o \rho_o \frac{\partial \phi_o}{\partial x}\right) + \frac{\partial}{\partial x}\left(\lambda_g \rho_g \frac{\partial \phi_g}{\partial x}\right) + q_h = \frac{\partial}{\partial t}\left[\phi(\rho_o S_o + \rho_g S_g)\right] \quad (3-30)$$

式中　z_i——烃类系统中 i 组分的摩尔分数；

　　　x_i——液相中 i 组分的摩尔分数；

　　　y_i——气相中 i 组分的摩尔分数；

　　　n_c——组分数；

　　　ϕ——孔隙度；

　　　ρ_o，ρ_g——油相和气相的密度，kg/m^3；

　　　ϕ_o，ϕ_g——油相和气相的势，Pa；

　　　λ_o，λ_g——油相和气相的流动系数，m^3/（Pa·s）；

　　　q_i，q_h——i 组分和总烃的产量，注入为正，产出为负，且 $q_h = \sum_{i=1}^{n_c} q_i$；

　　　o，g——油相、气相。

（2）平衡方程。

热力学平衡条件：油气体系达到平衡时，任一组分 i 在油相和气相中的逸度必须相等，即

$$f_i^L = f_i^V (i = 1, \ 2, \ \cdots, \ n_c) \quad (3-31)$$

对真实气体有：

$$\psi_i^L x_i = \psi_i^V y_i (i = 1, \ 2, \ \cdots, \ n_c) \quad (3-32)$$

根据油气相的物质平衡方程如下：

$$z_i = L x_i + V y_i (i = 1, \ 2, \ \cdots, \ n_c) \quad (3-33)$$

$$L = \frac{\rho_o S_o}{\rho_o S_o + \rho_g S_g} \tag{3-34}$$

$$V = \frac{\rho_g S_g}{\rho_o S_o + \rho_g S_g} \tag{3-35}$$

（3）约束方程。

由摩尔分数及饱和度的定义，导出下面的约束方程：

$$\sum_{i=1}^{n_c} x_i = \sum_{i=1}^{n_c} y_i = \sum_{i=1}^{n_c} z_i = 1 \tag{3-36}$$

$$L + V = 1 \tag{3-37}$$

$$S_o + S_g = 1 \tag{3-38}$$

（4）定解条件。

在第一个网格块设置一口定量的注入井，最后一个网格块设置一口定压生产井。

定产量：

$$q \mid_{r=r_w} = \text{Const} \tag{3-39}$$

定压力：

$$p \mid_{r=r_w} = \text{Const} \tag{3-40}$$

对上面的方程进行求解，可以得到不同压力下的采收率数据。

三、状态方程法

状态方程法是简单实用的求多次接触后最小混相压力的方法。该方法使用合适的状态方程计算注入溶剂与原油体系的相平衡参数，并利用"混相函数"作为混相的判断依据，从而确定最小混相压力。

油气体系达到临界点时，液相和气相的所有性质都相同，这与达到混相时界面张力消除，没有相界面存在的特性相对应。因此，一般把一定组成的油气体系达到临界点时所对应的压力认为是最小混相压力。

在临界点处，气相和液相的组成相同，从而所有组分的 k 值都等于 1。因此，当达到混相时，必须满足：

$$\sum_{i=1}^{N_c} (y_i - x_i)^2 = 0 \tag{3-41}$$

在气液传质过程中，满足两相闪蒸方程，即

$$x_i = \frac{z_i}{1+(K_i-1)x_g} \tag{3-42}$$

$$y_i = \frac{z_i K_i}{1+(K_i-1)x_g} \tag{3-43}$$

代入上式，可得：

$$\sum_{i=1}^{N_c} z_i^2 (K_i - 1)^2 = 0 \tag{3-44}$$

令

$$F_m = \sum_{i=1}^{N_c} z_i^2 (K_i - 1)^2 = 0 \tag{3-45}$$

上式即为达到混相时必须满足的目标函数。

式中　z_i——体系（气相+液相）中组分 i 的总摩尔分数；

　　　K_i——体系（气相+液相）中组分 i 的平衡比；

　　　x_i——组分 i 在液相中的摩尔分数；

　　　y_i——组分 i 在气相中的摩尔分数；

　　　F_m——混相准则函数。

用状态方程求解最小混相压力的基本步骤如下：

（1）求出注入气与地层原油混合后，i 组分的摩尔分数 Z_i；

（2）给定一个初始压力值，利用 Wilson 方程计算 K_i 初值；

（3）利用 K_i，根据两相闪蒸方程计算 x_i 和 y_i；

（4）把 x_i 和 y_i 的值带入状态方程和逸度方程，分别求出气相和液相逸度；

（5）按照 $K_i^n = \dfrac{f_{il}}{f_{iv}} K_i^{n-1}$ 更新 K_i 值，并重复第二步到第四步，最后当 $K_i^n = K_i^{n-1}$ 时进行下一步；

（6）将计算得到的 Z_i 和 K_i 代入混相准则函数，若成立，则此时压力为最小混相压力，否则，让压力增大到另一个新值，重复（2）~（4），直到满足混相准则函数。

四、系线解析法

系线解析法是以系线解析理论作为基础，根据系线变化路径来描述多级接触混相变化过程和流体传质过程为原理建立起来的。

系线解析法是1993年John和Orr提出的一种确定最小混相压力的预测方法，该方法建立在两相流体在一维组分模型孔隙中流动的基础上，假设在流动过程中没有扩散和传质的影响，初始条件、边界条件和质量守恒原理构成了一个黎曼问题，并且这个黎曼问题是有解析解的。在这些假设的基础上，可以通过确定一系列主系线的代数和几何形式得到解析解。一旦主系线被确定，多次接触混相的驱替过程就可以用主系线的几何形式和临界轨迹来表示，进而可以根据这种主系线的几何形式推导出最小混相压力。

在系线解析理论中，把原油的组成定义为初始系线，注入气体的组成定义为注入系线，把原油系线和注入系线之间的系线统称为交叉系线。交叉系线连接着初始系线和注入系线，它与初始系线和注入系线都相交。在给定条件下，初始系线组成与原油的包络线会形成一个平面，注入系线组成与注入气体的包络线也会形成一个平面，这两个平面不是平行平面，相交的交线就为交叉系线。

利用系线解析法确定最小混相压力的步骤：

（1）在某一低压下开始；

（2）利用负闪蒸计算得到初始系线和注入系线组成；

（3）计算交叉系线组成；

（4）计算系线长度；

（5）增大压力；

（6）重复（3）~（5），直到任意一条主系线长度变为临界系线（即长度为0），则此时对应的压力即为最小混相压力。

五、混合单元格法

混合单元格法是由Hutchinson和Braun[67]在1961年最早提出，而后Cook等[68]和Metcalfe等[69]对其进行修正和完善。2011年，Ahmadi等[84]进一步改进，提出了一个更为简单并计算精度较高的混合单元网格法。该方法的计算流程大致如下：首先，给定一个温度和压力，由一个充满气的网格G和一个充满油的网格O按一定比例进行混合，依次对混合物进行相平衡计算，可获得平衡气液组成Y_1和X_1，完成第1次接触。第1次接触后，共有G、X_1、Y_1、O四个网格。然后平衡气相网格Y_1继续向前与网格O进行混合，而平衡液相网格X_1在后面与网格G进行混合，按相同比例进行混合，进行相平衡计算，可获得各自平衡气

液组成 Y_2 和 X_2，完成第 2 次接触。第 2 次接触后，共有 G、X_1、Y_2、X_2、Y_1、O 六个网格。依次类推，第 n 次接触完成，共有 $2n+2$ 个网格出现，每次接触完后计算系线长度，当系线长度保持不变时，停止接触。最后，不断调整压力的大小，可计算出一系列系线值，进行线性拟合，获得系线长度与压力的关系式，关系式与压力所在轴上的截距即为最小混相压力（MMP）值。

混合单元格法计算 MMP 步骤如下：

（1）确定油藏温度和 1 个小于 MMP 的初始压力，由立方型状态方程进行如图 3-9 所示的气液相平衡计算。

（2）计算每一次接触后得到的每组气液相系线长度，即 $TL = \sqrt{\sum_{i=1}^{N_c} (x_i - y_i)^2}$。其中，$TL$ 为系线长度，x_i 为液相混合物中 i 组分的摩尔分数，y_i 为气相混合物中 i 组分的摩尔分数，N_c 为组分数。

（3）将每次接触后的系线长度视作单元格数的函数，并计算该函数各点处的斜率。连续 3 个单元格对应的函数斜率为 0 时，可作为关键系线。当给定压力下的 3 条关键系线都找到后，保存最小关键系线长度。

（4）小幅度地提高压力值，重复步骤（2）和步骤（3），计算得到该压力值下的最小关键系线长度。把 2 个压力对应的关键系线长度绘制在横坐标为压力、纵坐标为系线长度的坐标系中，外推两点连线至横坐标，得到估算的 MMP。在估算 MMP 和其临近的压力点之间进行插值，并计算其对应的最小关键系线长度。利用 $TL^n = -ap+b$ 对数据点作线性拟合，其中 n 为指数，a 为斜率，b 为截距，p 为压力。最后令 $TL=0$ 得到 $MMP=-b/a$。

（5）重新设置步骤（4）中的压力点，计算多组 MMP，在满足误差要求后得到最终的 MMP，并作误差估计。

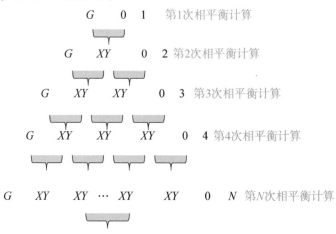

图 3-9 混合单元格法注入气与原油接触过程示意

六、不同计算方法预测结果对比

分别应用细管实验法、经验公式法、数值模拟法、状态方程法、系线解析法和混合单元格法预测了三种原油的最小混相压力，结果见表3-3。

表3-3 各种预测方法预测不同原油最小混相压力结果

预测方法	原油 A		原油 B		原油 C	
	MMP/MPa	与实验结果比较相对误差/%	MMP/MPa	与实验结果比较相对误差/%	MMP/MPa	与实验结果比较相对误差/%
细管实验法	19.50		19.80		22.80	
经验公式法	17.80	8.70	21.87	10.40	21.20	6.96
数值模拟法	19.70	1.00	19.56	1.20	21.68	4.90
状态方程法	20.51	5.10	18.15	8.30	22.26	2.30
系线解析法	21.40	9.70	18.55	6.30	23.21	1.80
混合单元格法	20.20	3.60	19.60	1.00	22.40	1.80

从表3-3可以看出，与细管实验法相比相对误差最小的是数值模拟法，应用经验公式法确定最小混相压力误差相对较大，这是由于经验公式是由某些油藏的实验结果拟合回归得到，而研究目标油藏的原油品质、注入气体类型和组分与经验公式拟合数据不尽相同，因此，应用经验公式法预测的最小混相压力误差较大，该方法适用范围只针对某些特定油藏。

数值模拟法预测最小混相压力的相对误差最小，它可以准确地模拟细管实验过程，但这是建立在对地层流体PVT性质较好拟合的基础上，因此数值模拟法需要的前期工作较多。

状态方程法确定最小混相压力的缺点在于没有考虑相间的多级接触和传质的作用，该方法只是把油和气的组分联合，满足组分达到临界点条件，这与实际的气驱机理不同，因此，预测的最小混相压力误差也较大。

系线解析法确定最小混相压力没有考虑气驱时的扩散和传质作用，但是和状态方程法的一次接触相比，系线解析法是不同组分的多级接触，且系线解析法的理论更完整、充足，与气驱机理非常一致。但是系线解析法的精确度依赖各组分的临界参数，对于重组分的临界参数现在还没有一个较好的解决方法，因此预测的最小混相压力误差也较大。

混合单元格法计算简单，可模拟多次接触，得到的最小混相压力误差较小，但该方法对数据精度的要求较高。

第五节 气驱最小混相压力影响因素分析

一般来说，影响最小混相压力的因素有油藏温度、注入气组成和原油组成等，地层压力变化通常也会导致原油及产出气组成发生变化。本节通过单因素分析对影响最小混相压力的主控因素进行了研究。

一、温度对最小混相压力的影响

油藏温度是影响气驱最小混相压力的一个重要因素[85-86]。在其他条件不变的情况下，注气混相驱的最小混相压力随温度的升高而增大，随温度的降低而减小。这是因为温度升高时，减弱了注入气萃取轻烃的能力，因此要达到混相需要更大的压力(图3-9)。

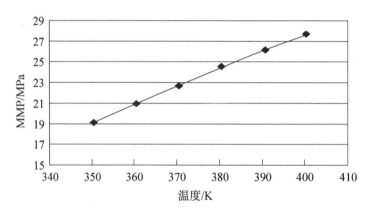

图3-9 温度与最小混相压力的关系

二、注入气组成对最小混相压力的影响

为了研究注入气组成对最小混相压力的影响规律，以让纳若尔油田的原油为例，通过改变注入气组成，得到不同注入气组成下的最小混相压力。考虑室内进行细管实验测量比较费时费力，而混合单元网格法计算简单、精度较高，因此，利用编制好的混合单元格法软件计算注入不同气体时的最小混相压力。

1. 注入气中CO_2摩尔分数对最小混相压力的影响

不同CO_2摩尔分数的烃类注入气组成见表3-4，计算出不同CO_2摩尔分数的烃类气体与原油的最小混相压力(图3-10)。

表 3-4 不同 CO_2 摩尔分数的烃类注入气组成 单位:%

序号	CO_2	H_2S	N_2	C_1	C_2	C_3	C_4	C_5
1	0	0	2.29	82.53	8.14	4.81	1.11	1.11
2	20	0	1.83	66.02	6.51	3.85	0.89	0.89
3	40	0	1.37	49.52	4.88	2.88	0.67	0.67
4	60	0	0.92	33.01	3.26	1.92	0.45	0.45
5	80	0	0.46	16.51	1.63	0.96	0.22	0.22
6	100	0	0	0	0	0	0	0

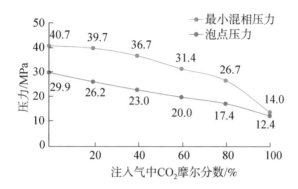

图 3-10 注入气中 CO_2 摩尔分数对最小混相压力的影响规律

从图 3-11 可看出,随注入气中 CO_2 摩尔分数增加,原油泡点压力逐渐降低,注入气与地层原油的最小混相压力也随之降低,从 40.7MPa 下降到 14.0MPa;同时,虽然泡点压力与最小混相压力的差值逐渐减小,但最小混相压力始终大于泡点压力。这说明注入气中 CO_2 的摩尔分数越高,越容易与原油达到混相状态,因此,提高注入气中 CO_2 摩尔分数有助于降低最小混相压力。

2. 注入气中 H_2S 摩尔分数对最小混相压力的影响

不同 H_2S 摩尔分数的烃类注入气组成见表 3-5,计算出不同 H_2S 摩尔分数的烃类气体与原油的最小混相压力(图 3-11)。

表 3-5 不同 H_2S 摩尔分数的烃类注入气组成 单位:%

序号	CO_2	H_2S	N_2	C_1	C_2	C_3	C_4	C_5
1	0	0	2.29	82.53	8.14	4.81	1.11	1.11
2	0	20	1.83	66.02	6.51	3.85	0.89	0.89
3	0	40	1.37	49.52	4.88	2.88	0.67	0.67
4	0	60	0.92	33.01	3.26	1.92	0.45	0.45
5	0	80	0.46	16.51	1.63	0.96	0.22	0.22
6	0	100	0	0	0	0	0	0

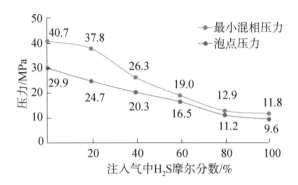

图 3-11　注入气中 H_2S 摩尔分数对最小混相压力的影响规律

从图 3-11 可以看出，随注入气中 H_2S 摩尔分数的增加，原油泡点压力逐渐降低，注入气与地层原油的最小混相压力也会随之降低，最小混相压力从 40.7MPa 下降到 11.8MPa；同时，虽然泡点压力与最小混相压力的差距越来越小，但最小混相压力也始终大于泡点压力。这表明注入气中 H_2S 的摩尔分数越高，越容易与原油混相，因此，提高注入气中 H_2S 摩尔分数可降低最小混相压力。

3. 注入气中 CO_2+H_2S 摩尔分数对最小混相压力的影响

不同 CO_2+H_2S 摩尔分数的烃类注入气组成见表 3-6，计算出不同 CO_2+H_2S 摩尔分数的烃类气体与原油的最小混相压力(图 3-12)。

表 3-6　不同 CO_2+H_2S 摩尔分数的烃类注入气组成　　　单位:%

序号	CO_2	H_2S	N_2	C_1	C_2	C_3	C_4	C_5
1	0	0	2.29	82.53	8.14	4.81	1.11	1.11
2	10	10	1.83	66.02	6.51	3.85	0.89	0.89
3	20	20	1.37	49.52	4.88	2.88	0.67	0.67
4	30	30	0.92	33.01	3.26	1.92	0.45	0.45
5	40	40	0.46	16.51	1.63	0.96	0.22	0.22
6	50	50	0	0	0	0	0	0

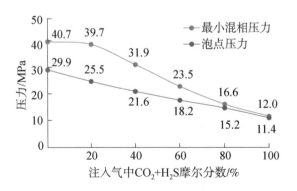

图 3-12　注入气中 CO_2+H_2S 摩尔分数对最小混相压力的影响规律

由图 3-13 可知，随注入气中 CO_2+H_2S 摩尔分数增加，原油泡点压力和注入气与原油的最小混相压力均会不断降低，且对最小混相压力的影响更为显著。注入气中的 CO_2+H_2S 摩尔分数从 0 增加到 100% 时，最小混相压力从 40.7MPa 下降到 12.0MPa。这说明提高注入气中 CO_2+H_2S 的含量，有利于降低最小混相压力，提高与原油的混相能力。

4. 含不同酸性组分的注入气对最小混相压力的影响程度对比

结合前面的研究结果，进一步对比了含不同酸性组分的注入气对原油最小混相压力的影响(图 3-13)。

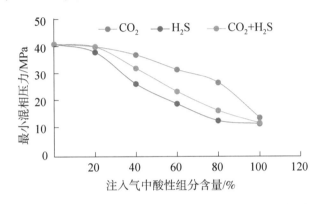

图 3-13　不同酸性气对最小混相压力的影响程度对比

如图 3-13 所示，无论是 CO_2、H_2S，还是 CO_2+H_2S 混合酸性气，其在注入气中的含量对原油最小混相压力的影响规律大致相同，但三者对原油最小混相压力的影响程度不同，从最小混相压力降低幅度来看，CO_2、H_2S、CO_2+H_2S 三者分别下降 66%、71%、70%，即 H_2S 最容易与原油混相，CO_2+H_2S 次之，CO_2 相对较差。

三、原油组成对最小混相压力的影响

为了得到原油组成对最小混相压力的影响规律，分析了不同类型油藏在相同温度和注入气体条件下的最小混相压力。选取的西西伯利亚挥发性油藏、卡沙甘和让纳若尔弱挥发性油藏、吉林油田黑油油藏、准噶尔盆地稠油油藏等不同类型油藏的原油组成见表 2-2。图 3-14 为不同类型油藏在注入干气时的最小混相压力。从图上可以看出，不同类型油藏的最小混相压力排序如下：挥发性油藏<弱挥发性油藏<黑油油藏<稠油油藏。对于黑油和稠油油藏，原油的轻质组分和中间组分含量低，组分相间传质能力差，最小混相压力高；对于挥发性油藏，原油的轻质组分和中间组分含量高，且组分相间传质能力强，最小混相压力最低。

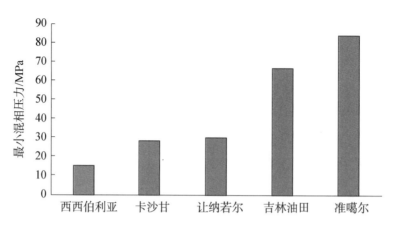

图 3-14 不同类型油藏的最小混相压力

同时，收集了国内外多个油田的原油组成、地层温度和注干气时的最小混相压力等数据（表 3-7）。图 3-15 和图 3-16 分别为不同油田最小混相压力与其重组分含量和中间组分含量的关系。从图中可以看出，重组分（C_{7+}）含量越大的原油，最小混相压力越大；中间烃类含量越多的原油，最小混相压力越小。但是这些原油的温度并不相同，最大温度可以达到 112℃，最小温度是 71.6℃，这说明温度对最小混相压力的影响程度没有原油组分含量对最小混相压力的影响程度大。如原油 E（83.9℃）和原油 F（112℃），虽然原油 F 的温度比原油 E 大很多，但是原油 F 中的重组分含量比原油 E 低，原油 F 的最小混相压力还是要比原油 E 小。

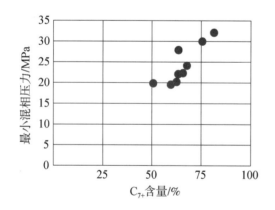

图 3-15 最小混相压力与重组分含量关系

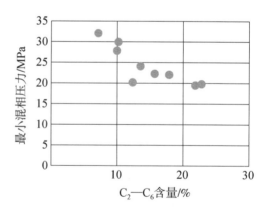

图 3-16 最小混相压力与中间组分含量关系

表3-7 各油田原油组成分析与最小混相压力

项目		原油 A	原油 B	原油 C	原油 D	原油 E	原油 F	原油 G	原油 H	原油 I
组成/ [%(摩尔分数)]	H_2S	0	0	0	0	0	0	0	0	0
	CO_2	0.34	0.15	0.48	0.03	0.03	0.04	0.01	0.12	0.03
	N_2	1.97	2.82	2.13	1.84	0.50	0.48	0.99	1.08	1.07
	C_1	16.74	16.19	24.69	23.51	10.98	13.84	17.80	25.59	17.77
	C_2	5.90	3.94	3.72	3.80	0.98	1.93	4.38	7.49	1.69
	C_3	3.84	3.22	1.63	2.55	0.75	1.87	6.93	6.27	2.52
	iC_4	0.40	1.68	0.17	0.25	0.10	0.30	1.03	0.83	0.76
	nC_4	1.30	2.98	0.81	2.13	0.89	1.54	3.30	2.62	1.61
	iC_5	1.77	0.90	0.65	0.56	0.92	0.42	1.47	1.22	1.36
	nC_5	0.60	2.59	1.33	1.47	1.80	1.45	1.80	1.58	1.60
	C_6	1.58	2.43	1.22	1.61	1.67	2.68	2.91	2.64	4.00
	C_{7+}	65.56	63.09	63.18	62.27	81.37	75.45	59.38	50.56	67.59
	合计	100.00	100.00	100.00	100.00	100.00	100.00	100.00	100.00	100.00
温度/℃		98.90	97.30	108.40	76.00	83.90	112.00	71.60	92.00	83.30
MMP/MPa		22.30	22.10	27.90	20.20	32.10	30.01	19.50	19.80	15.10

四、地层压力对最小混相压力的影响

地层压力主要影响原油及产出气组成。以让纳若尔油田为例，分析不同地层压力条件下原油及其产出气组成变化对原油最小混相压力的影响规律。

对让纳若尔油田不同地层压力下的原油注入相同的气体，其最小混相压力变化如图3-17所示。从图中可以看出，在低于饱和压力时，随着压力降低，最小混相压力出现缓慢上升趋势；当压力下降到某一点时，最小混相压力快速上升。这主要是因为随着压力降低，轻质组分含量降低，但中间组分含量增加，混相压力上升幅度较小；但当压力下降到某一程度时，轻质组分和中间组分含量均开始降低，重组分含量升高，此时混相压力会出现快速上升趋势。

实际上，随着油藏地层压力的降低，原油的组成会发生变化，产出气组成也会发生相应的变化，让纳若尔油田不同地层压力下的产出气组分变化如图3-18所示。将不同压力下的产出气注入对应压力下的原油中，得到了不同地层压力下油田最小混相压力图版(图3-19)。从图中可以看出，当地层压力降低至饱和压力后，注入不同地层压力下的产出气(注入气组分动态变化)，原油最小混相压力随地层压力降低而降低。这是由于随地层压力降低，产出气中的甲烷和中间组分含量变化最为剧烈，甲烷含量降低，中间组分含量增高，从而导致原油最小混相压力出现降低的趋势。

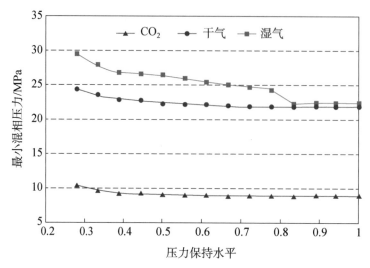

图 3-17　让纳若尔油藏不同地层压力时最小混相压力图版(注入气组分不变)

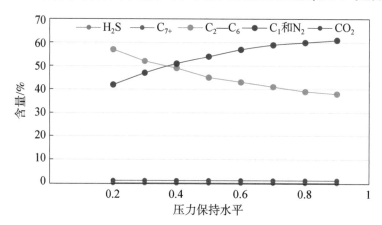

图 3-18　不同压力下注入气组分变化规律

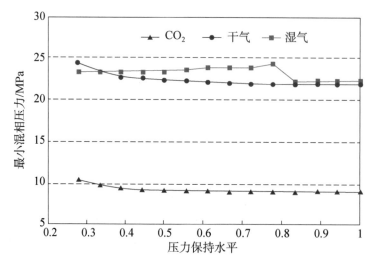

图 3-19　让纳若尔油藏不同地层压力时最小混相压力图版(注入气组分变化)

第四章 气驱渗流规律及开发效果影响因素分析

碳酸盐岩油藏储层特征复杂，地层倾角、裂缝与基质渗透率比值和裂缝密度等均会影响注气开发效果。选取典型碳酸盐岩油藏井组作为研究对象，采用双重介质模型模拟烃类气驱开发，研究储层参数及开发参数等对烃类气驱开发效果的影响规律，明确气驱开发效果的主控因素。

第一节 气驱渗流规律

一、气驱物理模型

与气驱后期注入井流体分布特征相对应，生产井内区为储层原油（简称为原油区），中区为过渡区混合油气（简称为过渡区），外区为纯注入气（简称为纯气区）。因此，针对生产井气驱后期流体分布及物性变化特征，可以建立混合气驱后期生产井三区径向复合试井模型，如图 4-1 所示。生产井混合气驱后期物理模型假设条件如下：

（1）考虑生产井井筒储集效应和表皮效应的影响。

（2）混合气驱后期，近注入井地带驱替效率极高，进而使得以生产井为圆心向外扩展依次分布原油区、过渡区和纯气区。过渡区混合油气流度/储容系数与径向距离之间呈指数变化关系，如图 4-1、式（4-1）和式（4-2）所示。

（3）由于各区交界面处流体组成变化剧烈，进而使得交界面处压力出现急剧下降的特征。本节采用"界面表皮"系数描述各区交界面处的附加压力降特征（图 4-2）。

（4）地层中各区流体为可压缩流体，忽略重力和毛管力的影响。

（5）渗流过程中温度恒定，流体遵循达西渗流原理，地层为无限大地层。

（6）储层水平、均质、等厚，初始压力处处相等。

$$(K/\mu)_2 = \frac{(K/\mu)_1}{M_{12}} \left(\frac{r_D}{R_{1D}} \right)^{\theta} \tag{4-1}$$

$$(\varphi c_t)_2 = \frac{(\varphi c_t)_1}{F_{12}} \left(\frac{r_D}{R_{1D}}\right)^I \qquad (4-2)$$

式中　$(K/\mu)_2$——生产井气驱后期过渡区流体流度，mD/（mPa·s）；

　　　$(K/\mu)_1$——生产井气驱后期原油区流体流度，mD/（mPa·s）；

　　　θ——生产井气驱后期过渡区流体流度幂律变化指数；

　　　M_{12}——生产井气驱后期原油区与过渡区交界面流度比；

　　　$(\varphi c_t)_2$——生产井气驱后期过渡区流体储容系数，MPa^{-1}；

　　　$(\varphi c_t)_1$——生产井气驱后期原油区储容系数，MPa^{-1}；

　　　I——生产井气驱后期过渡区储容系数幂律变化指数；

　　　F_{12}——生产井气驱后期原油区与过渡区交界面储容比；

　　　r_D——储层到注入井无因次距离；

　　　R_{1D}——原油区无因次半径。

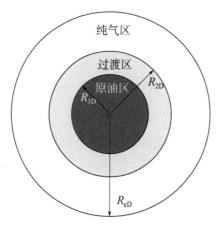

图 4-1　混合气驱后期生产井径向复合渗流物理模型

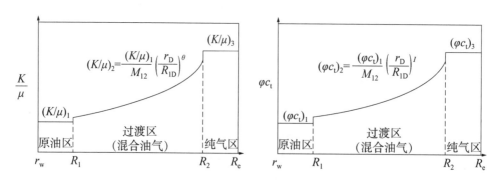

图 4-2　混合气驱后期生产井流度及储容系数分布示意图

$\dfrac{K}{\mu}$—流体流度；r_w—井筒半径；R_1—原油区半径；R_2—过渡区半径；

R_e—油藏边界；$(K/\mu)_3$—纯气区流体流度；φc_t—流体储容系数；$(\varphi c_t)_3$—纯气区流体储容系数

二、数学模型及求解

1. 数学模型的建立

（1）渗流微分方程：

原油区：
$$\frac{1}{r}\frac{\partial}{\partial r}\left[\left(\frac{K}{\mu}\right)_1 r\frac{\partial p_1}{\partial r}\right]=\frac{(\varphi c_t)_1}{3.6}\frac{\partial p_1}{\partial t}, \qquad r_w \leqslant r < R_1 \qquad (4-3)$$

过渡区：
$$\frac{1}{r}\frac{\partial}{\partial r}\left[\left(\frac{K}{\mu}\right)_2 r\frac{\partial p_2}{\partial r}\right]=\frac{(\varphi c_t)_2}{3.6}\frac{\partial p_2}{\partial t}, \qquad R_1 \leqslant r < R_2 \qquad (4-4)$$

纯气区：
$$\frac{1}{r}\frac{\partial}{\partial r}\left[\left(\frac{K}{\mu}\right)_3 r\frac{\partial p_3}{\partial r}\right]=\frac{(\varphi c_t)_3}{3.6}\frac{\partial p_3}{\partial t}, \qquad R_2 \leqslant r < R_e \qquad (4-5)$$

（2）内边界条件：

$$\lim_{r \to r_w}\left(r\frac{\partial p_1}{\partial r}\right)=\frac{1.842\times10^{-3}\mu_o B_o q}{Kh} \qquad (4-6)$$

（3）外边界条件：

无限大地层：
$$p_3(r \to \infty, t)=p_i \qquad (4-7)$$

圆形定压边界：
$$p_3(r=R_e, t)=p_i \qquad (4-8)$$

圆形封闭边界：
$$\frac{\partial p_3(r=R_e, t)}{\partial r}=0 \qquad (4-9)$$

（4）交界面连续条件：

原油区与过渡区混合油气交界面连续条件遵循流量相等准则，同时原油区与过渡区交界面压力变化特征采用"界面表皮"系数描述附加压力降特征：

$$\begin{cases} p_1(r=R_1, t)=p_2(r=R_1, t)-\left[S_1 r\frac{\partial(p_2)}{\partial r}\right]_{r=R_1} \\ \left(\frac{K}{\mu}\right)_1 \frac{\partial(p_1)}{\partial r}(r=R_1, t)=\left(\frac{K}{\mu}\right)_2 \frac{\partial(p_2)}{\partial r}(r=R_1, t) \end{cases} \qquad (4-10)$$

过渡区混合油气与纯气区交界面处连续条件遵循流量相等准则，同时过渡区与纯气区交界面处压力变化特征采用"界面表皮"系数描述附加压力降特征：

$$\begin{cases} p_2(r=R_2,\ t)=p_3(r=R_2,\ t)-\left(S_2 r\dfrac{\partial(p_3)}{\partial r}\right)_{r=R_2} \\ \left(\dfrac{K}{\mu}\right)_2\dfrac{\partial(p_2)}{\partial r}(r=R_2,\ t)=\left(\dfrac{K}{\mu}\right)_3\dfrac{\partial(p_3)}{\partial r}(r=R_2,\ t) \end{cases} \tag{4-11}$$

（5）初始条件。

初始时刻储层中各处压力相等：

$$p_1(r,\ t=0)=p_2(r,\ t=0)=p_3(r,\ t=0)=p_i \tag{4-12}$$

（6）数学模型的无因次化。

根据混合气驱后期生产井三区径向复合试井模型，本部分引入的无因次变量均以原油区初始原油物理参数为基础，相关无因次参数表达式如下。

各区无因次压力： $$p_{nD}=\frac{Kh(p_i-p_n)}{1.842\times10^{-3}qu_oB_o} \quad n=1,\ 2,\ 3 \tag{4-13}$$

无因次时间： $$t_D=\frac{3.6Kt}{\phi C_{to}\mu_o r_w^2} \tag{4-14}$$

无因次半径： $$r_D=\frac{r}{r_w} \tag{4-15}$$

无因次井筒储集系数： $$C_D=\frac{C_w}{2\pi\phi c_{to}hr_w^2} \tag{4-16}$$

原油区原油流度与过渡区交界面处流体流度比：

$$M_{12}=\frac{(K/\mu)_1}{(K/\mu)_2},\qquad r=R_{1D} \tag{4-17}$$

原油区原油流度与纯气区流体流度比：

$$M_{13}=\frac{(K/\mu)_1}{(K/\mu)_3} \tag{4-18}$$

原油区原油流度与过渡区交界面处流体储容系数比：

$$F_{12}=\frac{(\varphi c_t)_1}{(\varphi c_t)_2},\qquad r=R_{1D} \tag{4-19}$$

原油区原油储容系数与纯气区储容系数比：

$$F_{13} = \frac{(\varphi c_t)_1}{(\varphi c_t)_3}, \qquad r = R_{2D} \tag{4-20}$$

原油区与过渡区交界面处流体导压系数：

$$\eta_{12} = \frac{M_{12}}{F_{12}}, \qquad r = R_{1D} \tag{4-21}$$

过渡区与纯气区交界面处流体导压系数：

$$\eta_{13} = \frac{M_{13}}{F_{13}}, \qquad r = R_{2D} \tag{4-22}$$

将无因次变量式(4-13)至式(4-22)代入混合气驱生产井后期试井数学模型式(4-3)至式(4-12)，可以得到无因次化数学模型。

① 渗流微分方程如下。

原油区：
$$\frac{\partial^2 p_{1D}}{\partial r_D^2} + \frac{1}{r_D} \frac{\partial p_{1D}}{\partial r_D} = \frac{\partial p_{1D}}{\partial t_D}, \qquad 1 \leq r_D < R_{1D} \tag{4-23}$$

过渡区混合油气流度和储容系数的非线性变化特征采用式(4-1)和式(4-2)进行描述，进而可以得到过渡区混合油气非线性渗流微分方程。

过渡区：
$$\frac{\partial^2 p_{2D}}{\partial r_D^2} + \frac{1-\theta}{r_D} \frac{\partial p_{2D}}{\partial r_D} = \eta_{12} \left(\frac{r_D}{R_{1D}} \right)^{-\theta+1} \frac{\partial p_{2D}}{\partial t_D}, \qquad R_{1D} \leq r_D < R_{2D} \tag{4-24}$$

纯气区：
$$\frac{\partial^2 p_{3D}}{\partial r_D^2} + \frac{1}{r_D} \frac{\partial p_{3D}}{\partial r_D} = \eta_{13} \frac{\partial p_{3D}}{\partial t_D}, \qquad R_{2D} \leq r_D < R_{eD} \tag{4-25}$$

② 内边界条件。

$$\left(r_D \frac{\partial p_{1D}}{\partial r_D} \right)_{r_D=1} = -1 \tag{4-26}$$

③ 外边界条件。

无限大地层：
$$p_{3D}(r_D \rightarrow \infty, \ t_D) = 0 \tag{4-27}$$

圆形定压边界：
$$p_{3D}(r_D = R_{eD}, \ t_D) = 0 \tag{4-28}$$

圆形封闭边界：
$$\frac{\partial p_{3D}}{\partial r_D}(r_D = R_{eD}, \ t_D) = 0 \tag{4-29}$$

④ 交界面条件。

原油区与过渡区交界面处遵循流量相等准则，同时采用"界面表皮"描述交界面处压力变化特征：

$$\left[p_{1D}(r_D)\right]_{(r_D=R_{1D},t_D)} = p_{2D} - \left(S_1 r_D \frac{\partial p_{2D}}{\partial r_D}\right)_{(r_D=R_{1D},t_D)} \tag{4-30}$$

$$\left[\frac{\partial(p_{2D})}{\partial r_D}\right]_{(r_D=R_{1D},t_D)} = \left[M_{12}\left(\frac{r_D}{R_{1D}}\right)^{-\theta}\frac{\partial(p_{1D})}{\partial r_D}\right]_{(r_D=R_{1D},t_D)} \tag{4-31}$$

过渡区与纯气区交界面处遵循流量相等准则，同时采用"界面表皮"描述交界面处压力变化特征：

$$\left[p_{2D}(r_D)\right]_{(r_D=R_{2D},t_D)} = p_{3D} - \left(S_1 r_D \frac{\partial p_{3D}}{\partial r_D}\right)_{(r_D=R_{2D},t_D)} \tag{4-32}$$

$$\left[\frac{\partial(p_{3D})}{\partial r_D}\right]_{(r_D=R_{2D},t_D)} = \left[\frac{M_{13}}{M_{12}}\left(\frac{r_D}{R_{1D}}\right)^{\theta}\frac{\partial(p_{2D})}{\partial r_D}\right]_{(r_D=R_{2D},t_D)} \tag{4-33}$$

初始时刻储层各处压力相等：

$$p_{1D}(r_D,\ t_D=0) = p_{2D}(r_D,\ t_D=0) = p_{3D}(r_D,\ t_D=0) = 0 \tag{4-34}$$

2. 数学模型的求解

采用下式将以上无因次数学模型及边界条件进行 Laplace 变换：

$$\bar{p}_D = \int_0^\infty e^{-st_D}p_D(r_D,\ t_D)dt_D \tag{4-35}$$

进而可以得到关于 r_D 不同区域的虚宗量 Bessel 函数通解如下：

$$\bar{p}_{1D} = A_1 I_0(r_D\sqrt{s}) + A_2 K_0(r_D\sqrt{s}) \tag{4-36}$$

$$\bar{p}_{2D} = A_3 r_D^\gamma I_v(\delta r_D^\beta) + A_4 r_D^\gamma K_v(\delta r_D^\beta) \tag{4-37}$$

$$\bar{p}_{3D} = A_5 I_0(r_D\sqrt{\eta_{13}s}) + A_6 K_0(r_D\sqrt{\eta_{13}s}) \tag{4-38}$$

其中

$$\gamma = \frac{-\theta}{2} \quad \beta = \frac{-\theta+I+2}{2} \quad v = \frac{-\theta}{-\theta+I+2} \quad \delta = \frac{\sqrt{R_{1D}^{-1+\theta}\eta_{12}s}}{\beta}$$

将式(4-36)代入内边界条件式(4-26)可以得到：

$$a_{11}A_1+a_{12}A_2+a_{13}A_3+a_{14}A_4+a_{15}A_5+a_{16}A_6=1 \quad (4-39)$$

$$a_{11}=-s\sqrt{s}\,I_1(\sqrt{s}) \quad (4-40)$$

$$a_{12}=s\sqrt{s}\,K_1(\sqrt{s}) \quad (4-41)$$

$$a_{13}=0 \quad (4-42)$$

$$a_{14}=0 \quad (4-43)$$

$$a_{15}=0 \quad (4-44)$$

$$a_{16}=0 \quad (4-45)$$

将式(4-36)和式(4-37)代入界面连接条件式(4-30)可以得到：

$$a_{21}A_1+a_{22}A_2+a_{23}A_3+a_{24}A_4+a_{25}A_5+a_{26}A_6=0 \quad (4-46)$$

$$a_{21}=I_0(R_{D1}\sqrt{s}) \quad (4-47)$$

$$a_{22}=K_0(R_{D1}\sqrt{s}) \quad (4-48)$$

$$a_{23}=-R_{1D}^{\gamma}I_v(R_{1D}^{\beta}\xi)+S_1R_{1D}\left[\gamma R_{1D}^{\gamma-1}I_v(R_{1D}^{\beta}\xi)+R_{1D}^{\gamma}\beta R_{1D}^{\beta-1}\xi I'_v(R_{1D}^{\beta}\xi)\right] \quad (4-49)$$

$$a_{24}=-R_{1D}^{\gamma}K_v(R_{1D}^{\beta}\xi)+S_1R_{1D}\left[\gamma R_{1D}^{\gamma-1}K_v(R_{1D}^{\beta}\xi)+R_{1D}^{\gamma}\beta R_{1D}^{\beta-1}\xi K'_v(R_{1D}^{\beta}\xi)\right] \quad (4-50)$$

$$a_{25}=0 \quad (4-51)$$

$$a_{26}=0 \quad (4-52)$$

进一步将式(4-49)和式(4-50)分别简化可以得到：

$$a_{23}=-R_{1D}^{\gamma}I_v(R_{1D}^{\beta}\xi)+\xi\beta S_1R_{1D}^{\gamma+\beta}I_{v-1}(R_{1D}^{\beta}\xi) \quad (4-53)$$

$$a_{24}=-R_{1D}^{\gamma}K_v(R_{1D}^{\beta}\xi)-\xi\beta S_1R_{1D}^{\gamma+\beta}K_{v-1}(R_{1D}^{\beta}\xi) \quad (4-54)$$

将式(4-36)和式(4-37)代入交界面条件式(4-30)得到：

$$a_{31}A_1+a_{32}A_2+a_{33}A_3+a_{34}A_4+a_{35}A_5+a_{36}A_6=0 \quad (4-55)$$

$$a_{31}=-M_{12}\sqrt{s}\,I_1(R_{1D}\sqrt{s}) \quad (4-56)$$

$$a_{32}=M_{12}\sqrt{s}\,K_1(R_{1D}\sqrt{s}) \quad (4-57)$$

$$a_{33}=\gamma R_{1D}^{\gamma-1}I_v(R_{1D}^{\beta}\xi)+\beta R_{1D}^{\gamma+\beta-1}\xi I'_v(R_{1D}^{\beta}\xi) \quad (4-58)$$

$$a_{34}=\gamma R_{1D}^{\gamma-1}K_v(R_{1D}^{\beta}\xi)+\beta R_{1D}^{\gamma+\beta-1}\xi K'_v(R_{1D}^{\beta}\xi) \quad (4-59)$$

$$a_{35} = 0 \qquad (4-60)$$

$$a_{36} = 0 \qquad (4-61)$$

可以将上面的式(4-58)和式(4-59)简化如下：

$$a_{33} = \xi \beta R_{1D}^{\gamma+\beta-1} I_{v-1}(R_{1D}^{\beta} \xi) \qquad (4-62)$$

$$a_{34} = -\xi \beta R_{1D}^{\gamma+\beta-1} K_{v-1}(R_{1D}^{\beta} \xi) \qquad 4-63)$$

将式(4-37)和式(4-38)代入交界面条件式(4-31)可以得到：

$$a_{41}A_1 + a_{42}A_2 + a_{43}A_3 + a_{44}A_4 + a_{45}A_5 + a_{46}A_6 = 0 \qquad (4-64)$$

$$a_{41} = 0 \qquad (4-65)$$

$$a_{42} = 0 \qquad (4-66)$$

$$a_{43} = R_{2D}^{\gamma} I_v(R_{2D}^{\beta} \xi) \qquad (4-67)$$

$$a_{44} = R_{2D}^{\gamma} K_v(R_{2D}^{\beta} \xi) \qquad (4-68)$$

$$a_{45} = -I_0(R_{2D}\sqrt{\eta_{13}s}) + S_2 R_{2D}\sqrt{\eta_{13}s})I_1(R_{2D}\sqrt{\eta_{13}s}) \qquad (4-69)$$

$$a_{46} = -K_0(R_{2D}\sqrt{\eta_{13}s}) - S_2 R_{2D}\sqrt{\eta_{13}s})K_1(R_{2D}\sqrt{\eta_{13}s}) \qquad (4-70)$$

将式(4-37)和式(4-38)代入交界面条件式(4-33)得到：

$$a_{51}A_1 + a_{52}A_2 + a_{53}A_3 + a_{54}A_4 + a_{55}A_5 + a_{56}A_6 = 0 \qquad (4-71)$$

$$a_{51} = 0 \qquad (4-72)$$

$$a_{52} = 0 \qquad (4-73)$$

$$a_{53} = \gamma R_{2D}^{\gamma-1} I_v(R_{2D}^{\beta} \xi) + \beta R_{2D}^{\gamma+\beta-1} \xi I'_v(R_{2D}^{\beta} \xi) \qquad (4-74)$$

$$a_{54} = \gamma R_{2D}^{\gamma-1} K_v(R_{2D}^{\beta} \xi) + \beta R_{2D}^{\gamma+\beta-1} \xi K'_v(R_{2D}^{\beta} \xi) \qquad (4-75)$$

$$a_{55} = -\frac{M_{12}}{M_{13}}\left(\frac{R_{2D}}{R_{1D}}\right)^{-\theta}\sqrt{\eta_{13}s} \, I_1(R_{2D}\sqrt{\eta_{13}s}) \qquad (4-76)$$

$$a_{56} = \frac{M_{12}}{M_{13}}\left(\frac{R_{2D}}{R_{1D}}\right)^{-\theta}\sqrt{\eta_{13}s} \, K_1(R_{2D}\sqrt{\eta_{13}s}) \qquad (4-77)$$

可以将式(4-74)和式(4-75)简化如下：

$$a_{53} = \xi \beta R_{2D}^{\gamma+\beta-1} I_{v-1}(R_{2D}^{\beta} \xi) \qquad (4-78)$$

$$a_{54} = -\xi\beta R_{2D}^{\gamma+\beta-1} K_{v-1}(R_{2D}^{\beta}\xi) \tag{4-79}$$

将式（4-38）分别代入外边界条件式（4-27）、式（4-28）、式（4-29）可得：

$$a_{61}A_1 + a_{62}A_2 + a_{63}A_3 + a_{64}A_4 + a_{65}A_5 + a_{66}A_6 = 0 \tag{4-80}$$

$$a_{61} = 0 \tag{4-81}$$

$$a_{62} = 0 \tag{4-82}$$

$$a_{63} = 0 \tag{4-83}$$

$$a_{64} = 0 \tag{4-84}$$

当边界为无限大地层时：

$$a_{45} = a_{55} = a_{65} = a_{66} = 0 \tag{4-85}$$

当外边界为定压边界时：

$$a_{65} = I_0(R_{eD}\sqrt{\eta_{13}s}) \tag{4-86}$$

$$a_{66} = K_0(R_{eD}\sqrt{\eta_{13}s}) \tag{4-87}$$

当外边界为封闭边界时：

$$a_{65} = I_1(R_{eD}\sqrt{\eta_{13}s}) \tag{4-88}$$

$$a_{66} = -K_1(R_{eD}\sqrt{\eta_{13}s}) \tag{4-89}$$

将式（4-39）、式（4-46）、式（4-55）、式（4-64）、式（4-71）、式（4-80）构建系数矩阵可以得到待定系数 A_1、A_2、A_3、A_4、A_5、A_6：

$$A_1 = \frac{H_1}{H} \tag{4-90}$$

$$A_2 = \frac{H_2}{H} \tag{4-91}$$

$$A_3 = \frac{H_3}{H} \tag{4-92}$$

$$A_4 = \frac{H_4}{H} \tag{4-93}$$

$$A_5 = \frac{H_5}{H} \qquad (4-94)$$

$$A_6 = \frac{H_6}{H} \qquad (4-95)$$

式中：

$$
H = \begin{vmatrix}
a_{11} & a_{12} & 0 & 0 & 0 & 0 \\
a_{21} & a_{22} & a_{23} & a_{24} & 0 & 0 \\
a_{31} & a_{32} & a_{33} & a_{34} & 0 & 0 \\
0 & 0 & a_{43} & a_{44} & a_{45} & a_{46} \\
0 & 0 & a_{53} & a_{54} & a_{55} & a_{56} \\
0 & 0 & 0 & 0 & a_{65} & a_{66}
\end{vmatrix}, \quad
H_1 = \begin{vmatrix}
1 & a_{12} & 0 & 0 & 0 & 0 \\
0 & a_{22} & a_{23} & a_{24} & 0 & 0 \\
0 & a_{32} & a_{33} & a_{34} & 0 & 0 \\
0 & 0 & a_{43} & a_{44} & a_{45} & a_{46} \\
0 & 0 & a_{53} & a_{54} & a_{55} & a_{56} \\
0 & 0 & 0 & 0 & a_{65} & a_{66}
\end{vmatrix},
$$

$$
H_2 = \begin{vmatrix}
a_{11} & 1 & 0 & 0 & 0 & 0 \\
a_{21} & 0 & a_{23} & a_{24} & 0 & 0 \\
a_{31} & 0 & a_{33} & a_{34} & 0 & 0 \\
0 & 0 & a_{43} & a_{44} & a_{45} & a_{46} \\
0 & 0 & a_{53} & a_{54} & a_{55} & a_{56} \\
0 & 0 & 0 & 0 & a_{65} & a_{66}
\end{vmatrix}, \quad
H_3 = \begin{vmatrix}
a_{11} & a_{12} & 1 & 0 & 0 & 0 \\
a_{21} & a_{22} & 0 & a_{24} & 0 & 0 \\
a_{31} & a_{32} & 0 & a_{34} & 0 & 0 \\
0 & 0 & 0 & a_{44} & a_{45} & a_{46} \\
0 & 0 & 0 & a_{54} & a_{55} & a_{56} \\
0 & 0 & 0 & 0 & a_{65} & a_{66}
\end{vmatrix},
$$

$$
H_4 = \begin{vmatrix}
a_{11} & a_{12} & 0 & 1 & 0 & 0 \\
a_{21} & a_{22} & a_{23} & 0 & 0 & 0 \\
a_{31} & a_{32} & a_{33} & 0 & 0 & 0 \\
0 & 0 & a_{43} & 0 & a_{45} & a_{46} \\
0 & 0 & a_{53} & 0 & a_{55} & a_{56} \\
0 & 0 & 0 & 0 & a_{65} & a_{66}
\end{vmatrix}, \quad
H_5 = \begin{vmatrix}
a_{11} & a_{12} & 0 & 0 & 1 & 0 \\
a_{21} & a_{22} & a_{23} & a_{24} & 0 & 0 \\
a_{31} & a_{32} & a_{33} & a_{34} & 0 & 0 \\
0 & 0 & a_{43} & a_{44} & 0 & a_{46} \\
0 & 0 & a_{53} & a_{54} & 0 & a_{56} \\
0 & 0 & 0 & 0 & 0 & a_{66}
\end{vmatrix},
$$

$$H_6 = \begin{vmatrix} a_{11} & a_{12} & 0 & 0 & 0 & 1 \\ a_{21} & a_{22} & a_{23} & a_{24} & 0 & 0 \\ a_{31} & a_{32} & a_{33} & a_{34} & 0 & 0 \\ 0 & 0 & a_{43} & a_{44} & a_{45} & 0 \\ 0 & 0 & a_{53} & a_{54} & a_{55} & 0 \\ 0 & 0 & 0 & 0 & a_{65} & 0 \end{vmatrix}$$

将系数 A_1、A_2、A_3、A_4、A_5、A_6 代入式(4-36)、式(4-37)、式(4-38)，即可得到原油区、过渡区及纯气区任意位置处的 Laplace 空间内的压力计算公式。同时进一步将式(4-36)代入内边界条件方程式(4-26)即可得到井底压力计算公式：

$$(\bar{p}_{1D})_{r_D=1} = A_1 I_0(\sqrt{s}) + A_2 K_0(\sqrt{s}) \tag{4-96}$$

通过式(4-97)可以获得受井筒储集系数 C_D 和表皮效应 S 影响的井底压力 $\bar{p}_{WD}$ 在 Laplace 空间下的解：

$$\bar{p}_{WD} = \frac{s\bar{p}_{1D}(\sqrt{s}) + S}{s\{1 + C_D s[s\bar{p}_{1D}(\sqrt{s}) + S]\}} \tag{4-97}$$

三、渗流规律分析

1. 渗流特征

为了分析混合气驱生产井后期流动特征，本部分在一定参数条件下(图4-3)，采用 Stehfest 数值反演技术对井底压力式(4-97)中 $\bar{p}_{WD}$ 的解进行反演，获得混合气驱注入井后期实空间井底压力 p_{WD}—t_D/C_D 与 $p'_{WD}(t_D/C_D)$—t_D/C_D 的无因次双对数井底压力动态响应特征曲线。从图4-3可以得知，压力 p_{WD} 和压力导数 p'_{WD} 典型曲线可划分为7个渗流阶段。

第一阶段为井筒储集控制渗流阶段，该阶段压力导数曲线和压力曲线表现为斜率为1的直线，且两条直线为通过坐标原点的重合直线。

第二阶段渗流特征段主要受表皮系数的控制，表现为上"凸"特征；此外，该渗流阶段同时也受井筒储集系数的综合影响。

第三阶段为原油区径向渗流阶段，由于原油区储层原油的流度和储容系数为恒定值，使得该阶段压力导数曲线表现为斜率为0.5的水平直线。此外，该水平线段只有在原油区足够大的情况下才能出现，如果原油区宽度较小，压力导数曲线通常表现为下"凹"特征。

第四阶段为原油区与过渡区之间的过渡渗流阶段，主要受交界面处的界面表皮系数 S_1、原油区与过渡区交界面流度比 M_{12} 和原油区与过渡区交界面综合储容系数比 F_{12} 三个参数共同控制，压力导数曲线表现为下翘特征。

第五阶段为过渡区混合油气径向渗流阶段，由于该过渡区混合油气的流度和储容系数表现为随半径幂律变化的特征，压力导数曲线表现为向下倾斜直线特征，直线斜率与储容系数/流度幂律变化指数密切相关。

第六阶段为过渡区与纯气区之间的过渡渗流阶段，主要受过渡区与纯气区交界面表皮系数 S_2、原油区与纯气区交界面流度比 M_{13} 和原油区与纯气区交界面储容系数比 F_{13} 三个参数共同控制，压力导数曲线表现为略微上"凸"的特征。

第七阶段为纯气区系统径向渗流阶段，压力导数曲线表现为值等于 $0.5M_{13}$ 的水平直线。

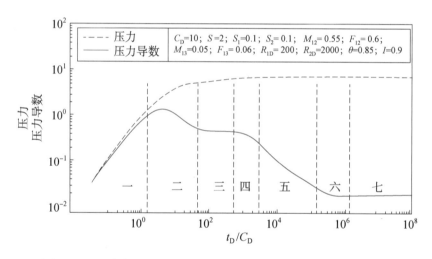

图 4-3　混合气驱后期注入井直井压力和压力导数典型曲线

2. 参数敏感性分析

（1）原油区与过渡区交界面表皮系数 S_1。

图 4-4 是原油区与过渡区混合油气流体交界面处的附加阻力对生产井井底压力动态的影响关系图。在其他参数一定的情况下，分别计算表皮系数 S_1 为 0.1、0.5、1 和 2 时的压力及压力导数特征曲线。从图 4-4 可知，该交界面附加阻力对生产井井底压力动态的影响主要体现在第四流动阶段和第五流动阶段。随着界面表皮系数 S_1 值增大，第四流动阶段和第五流动阶段压力导数曲线下降趋势变得陡峭，同时对应的过渡带的压力导数曲线的上"凸"台阶越高。反之，界面表皮系数 S_1 越小，其所对应的交界面处附加阻力值越小，导致压力导数曲

线的台阶变低、压力导数曲线变得平缓。

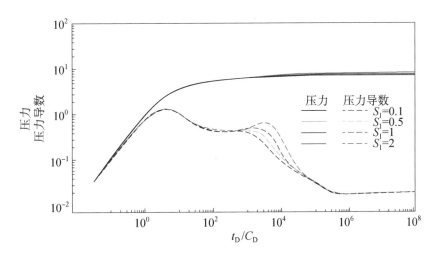

图 4-4　原油区与过渡区交界面阻力对井底压力动态的影响

（2）过渡区与纯气区交界面表皮系数 S_2。

图 4-5 是过渡区与纯气区交界面处附加阻力对生产井井底压力动态的影响关系图。在其他参数一定的情况下，分别计算界面表皮系数 S_2 为 0.1、0.5、1 和 2 时的压力及压力导数特征曲线。从图 4-5 可知，该交界面处附加阻力对生产井井底压力动态的影响主要体现在第五、第六和第七渗流阶段。随着界面表皮系数 S_2 增大，第六和第七渗流阶段压力导数曲线变陡，同时过渡区与纯气区之间过渡渗流特征段的压力导数曲线值上"凸"台阶幅度逐渐增大。反之，界面表皮系数 S_2 值越小，其所对应的交界面附加阻力值越小，进而使得压力导数曲线的台阶变低以及压力导数曲线变得平缓。

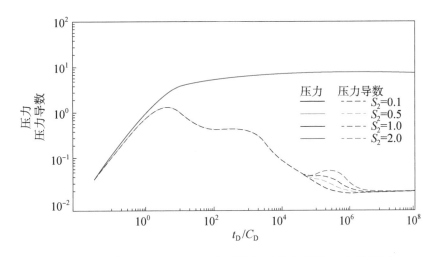

图 4-5　过渡区与纯气区交界面阻力对井底压力动态的影响

（3）原油区与过渡区交界面流度比。

图4-6是原油区与过渡区交界面处流体流度比M_{12}对生产井井底压力动态的影响结果图。在其他参数一定的情况下，分别计算流度比M_{12}为0.35、0.45、0.55和0.65时的压力及压力导数特征曲线。从图4-6可知，流度比M_{12}主要影响的是第四、第五和第六渗流阶段。流度比M_{12}值越低原油区与过渡区混合油气之间的过渡渗流阶段压力导数值下降幅度越大，过渡区径向渗流阶段下降斜率并未发生明显变化，过渡区与纯气区之间的过渡渗流阶段压力导数值越小。

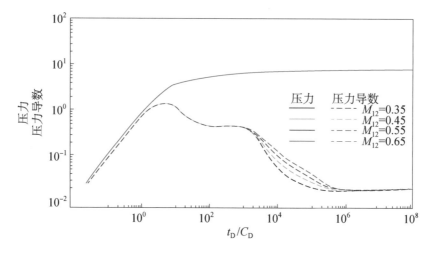

图4-6　原油区与过渡区交界面流体流度比M_{12}对井底压力动态的影响

（4）原油区与过渡区交界面储容系数比。

图4-7是原油区与过渡区混合油气交界面处流体储容系数比F_{12}对生产井井底压力动态的影响结果图。在其他参数一定的情况下，分别计算储容系数比F_{12}为0.5、0.6、0.7和0.8时的压力及其压力导数特征曲线。从图4-7可知，该储容系数比F_{12}主要影响的是第四、第五和第六渗流阶段。储容系数比F_{12}与流度比M_{12}作用规律类似，储容系数比F_{12}值越低原油区与过渡区之间过渡渗流阶段下降幅度越大，过渡区径向渗流阶段下降斜率并未发生明显变化，过渡区与纯气区之间的过渡渗流阶段压力导数值出现微弱降低。与流度比M_{12}相比，储容系数比F_{12}对压力导数曲线的影响较弱。

（5）过渡区与纯气区流度比。

图4-8是过渡区与纯气区流度比M_{13}对生产井井底压力动态的影响结果图。在其他参数一定的情况下，分别计算流度比M_{13}为0.05、0.06、0.07和0.08时的压力及压力导数特征曲线。从图4-8可知，流度比M_{13}主要影响的是第六和第七渗流阶段。过渡区与纯气区交界面流体流度比M_{13}越大，过渡区与纯气区

之间的过渡渗流阶段极值点的压力导数值越大，同时纯气区径向渗流水平段压力导数值越大。流度比 M_{13} 越小，过渡区与纯气区之间的过渡渗流阶段压力导数值越小，而纯气区径向渗流压力导数值越低。

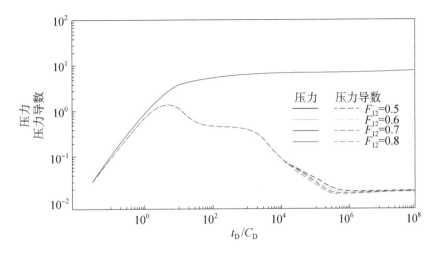

图 4-7　原油区与过渡区交界面流体储容系数比 F_{12} 对井底压力动态的影响

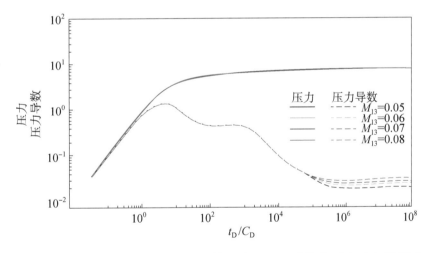

图 4-8　过渡区与纯气区交界面流体流度比 M_{13} 对井底压力动态的影响

（6）过渡区与纯气区储容系数比。

图 4-9 是过渡区与纯气区流体储容系数比 F_{13} 对生产井井底压力动态的影响结果图。在其他参数一定的情况下，分别计算储容系数比 F_{13} 为 0.04、0.05、0.06 和 0.07 时的压力及压力导数特征曲线。从图 4-9 可知，该储容系数比 F_{13} 主要影响的是第六渗流阶段。过渡区混合油气与纯气区交界面储容系数比 F_{13} 值越大，过渡区与纯气区之间的过渡渗流阶段极值点的压力导数值越大，同时纯气区径向渗流水平段压力导数值并未发生明显变化。

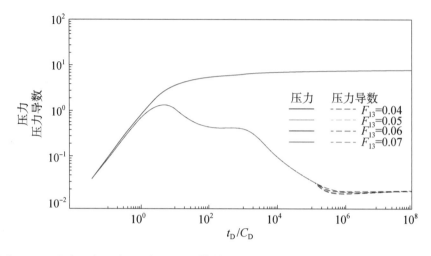

图 4-9　过渡区与纯气区交界面流体储容系数比 F_{13} 对井底压力动态的影响

（7）原油区半径。

图 4-10 是原油区流体流动无因次半径 R_1 对生产井井底压力动态的影响结果图。在其他参数一定的情况下，分别计算无因次半径 R_1 为 200、400、800 和 1000 时的压力及压力导数特征曲线。从图 4-10 可知，原油区无因次半径 R_1 主要影响的是第三、第四和第五渗流阶段。原油区无因次半径 R_1 越大，原油区径向渗流持续时间越长，相应的过渡区混合油气径向渗流持续时间越短，同时原油区半径的变化会导致流体流度、储容系数分布特征的变化，但下降趋势并未发生变化，即原油区无因次半径 R_1 值越大，过渡区混合油气径向渗流直线特征段下降斜率并未发生明显变化。

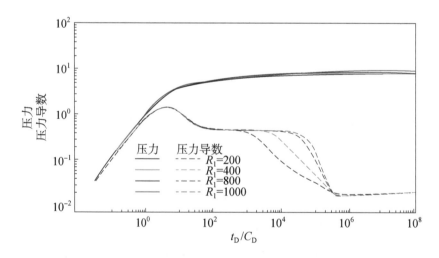

图 4-10　原油区半径 R_1 对井底压力动态的影响

（8）过渡区半径。

图 4-11 是过渡区混合油气无因次半径 R_2 对井底压力动态的影响结果图。在其他参数一定的情况下，分别计算无因次半径 R_2 为 3500、2500、1500 和 500 时的压力及压力导数特征曲线。从图 4-11 可知，过渡区混合油气无因次半径 R_2 主要影响的是第五、第六和第七渗流阶段。过渡区混合油气无因次半径 R_2 越大，过渡区混合油气径向渗流持续时间越长，相应的纯气区径向渗流持续时间越短。此外，当过渡区混合油气无因次半径 R_2 等于 500 时，过渡区混合油气径向渗流特征段消失，而呈现急剧下降的趋势。

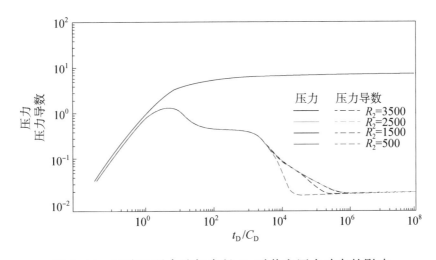

图 4-11　过渡区混合油气半径 R_2 对井底压力动态的影响

（9）过渡区混合油气流度幂律变化指数。

图 4-12 是过渡区混合油气流体流度幂律变化指数 θ 对生产井井底压力动态的影响结果图。在其他参数一定的情况下，分别计算流度幂律变化指数 θ 为 1.05、0.95、0.85 和 0.75 时的压力及压力导数特征曲线。从图 4-12 可知，过渡区混合油气流体流度幂律变化指数 θ 主要影响的是第五渗流阶段。过渡区混合油气流度幂律变化指数 θ 越大，过渡区混合油气径向渗流直线特征段的斜率越大，相应的过渡区混合油气径向渗流持续时间并未发生明显变化。

（10）过渡区混合油气储容系数幂律变化指数。

图 4-13 是过渡区混合油气储容系数幂律变化指数 I 对井底压力动态的影响结果图。在其他参数一定的情况下，分别计算储容系数幂律变化指数 I 为 1、0.9、0.8 和 0.7 时的压力及压力导数特征曲线。从图 4-13 可知，过渡区混合油气流体储容系数幂律变化指数 I 主要影响的是第五和第六渗流阶段。过渡区混合油气储容系数幂律变化指数 I 越大，过渡区混合油气径向渗流直线特征段的斜率越大，同时过渡区混合油气径向渗流持续时间并未发生明显变化。与流

度幂律变化指数 θ 相比，储容系数幂律变化指数 I 对过渡区混合油气径向渗流直线段斜率的影响较弱。

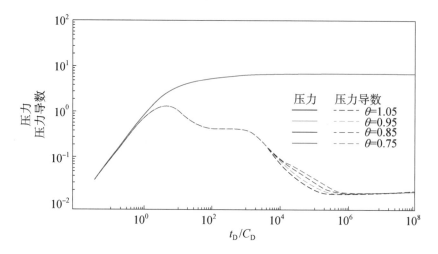

图 4-12　过渡区混合油气流体流度幂律变化指数 θ 对井底压力动态的影响

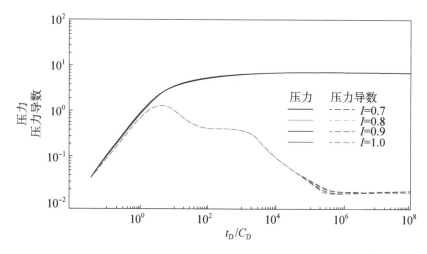

图 4-13　过渡区混合油气储容系数幂律变化指数 I 对井底压力动态的影响

（11）外区定压边界。

图 4-14 是外区圆形定压供给边界 R_{eD} 对井底压力动态的影响关系图。在其他参数一定的情况下，分别计算定压边界 R_{eD} 为 20000、30000、40000 和 50000 时的压力及压力导数特征曲线。从图 4-14 可知，定压边界条件下，流体流动阶段将比无限大地层多一个晚期稳定流动阶段，该渗流阶段压力曲线变成一条水平直线，压力导数曲线则急剧下降直至趋近于零。外定压边界主要影响的是纯气区径向渗流阶段的结束时间，定压边界 R_{eD} 越大，纯气区径向渗流持续时间越长；R_{eD} 越小，纯气区径向渗流结束时间越早。

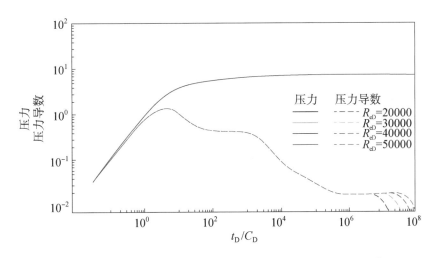

图 4-14　圆形定压边界 R_{eD} 对井底压力动态的影响

（12）外区封闭边界。

图 4-15 是外区圆形封闭边界 R_{eD} 对井底压力动态的影响关系图。在其他参数一定的情况下，分别计算封闭边界 R_{eD} 为 20000、30000、40000 和 50000 时的压力及压力导数特征曲线。从图 4-15 可知，与定压边界类似，封闭边界条件下，流体流动阶段将比无限大地层多一个晚期稳定流动阶段，该渗流阶段压力和压力导数曲线变成一条急剧上升斜率为 1 的直线。外封闭边界主要影响的是纯气区径向渗流阶段的结束时间，定压边界 R_{eD} 越大，纯气区径向渗流持续时间越长；R_{eD} 越小，纯气区径向渗流结束时间越早。

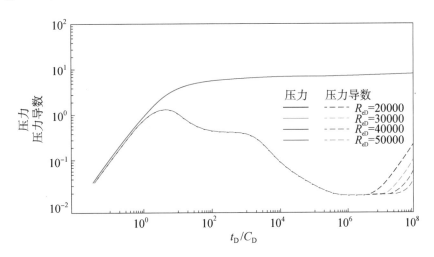

图 4-15　圆形封闭边界 R_{eD} 对井底压力动态的影响

第二节 气驱开发效果影响因素分析

一、储层物性及开发方式对注气驱油特征的影响

采用油藏数值模拟方法，对地层倾角、裂缝与基质渗透率比、裂缝密度、开发方式、采油速度、注气时机、压力恢复水平等影响因素进行规律研究。采用 Eclipse 软件的 E300 模块建立组分模型，模型网格大小为 $30 \times 30 \times 10$，总共 9000 个网格。基础模型的地层倾角为 5°，裂缝与基质渗透率比值为 20，初始压力为 36.8MPa，初始含油饱和度为 82.4%，设置井底流压下限为 7MPa，生产气油比上限为 3500m³/m³，注入井注入压力上限为 45MPa，含水率上限为 98%。

1. 地层倾角对烃类气驱开发效果的影响

地层倾角是重要的储层参数之一。为研究地层倾角对烃类气驱开发效果的影响，设置注采比分别为 0.6、0.8、1.0、1.2、1.4，地层倾角分别为 0°、5°、10°、15°，采用连续注气的方式。不同地层倾角采收率的变化规律如图 4-16 所示。

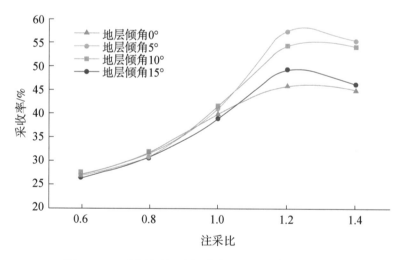

图 4-16 地层倾角对烃类气驱开发效果的影响

从图 4-16 可以看出，地层倾角相同时，采收率随着注采比的增大而增大。在低注采比时，对地层倾角影响不大，主要是低注采比条件下地层压力较低，油井产能较低；而在高注采比时，地层倾角增加，采收率随之先增大后减小，且在地层倾角为 5°左右时开发效果最好。主要原因是适当的地层倾角会形成有效的重力辅助驱，但地层倾角过高，会导致重力分异严重，高部位油井更易发生气窜，致使采收率较低。

2. 裂缝与基质渗透率比对烃类气驱开发效果的影响

裂缝渗透率是碳酸盐岩储层的一个重要参数，因此，考虑裂缝与基质渗透率比对烃类气驱开发效果的影响是必要的。在不同注采比下，研究裂缝与基质渗透率比对油藏开发效果的影响规律。设置注采比分别为0.6、0.8、1.0、1.2、1.4，裂缝与基质渗透率比(K_f/K_m)分别为1、10、20、50、100，采用连续注气方式，研究不同裂缝与基质渗透率比下的采收率变化规律，结果如图4-17所示。

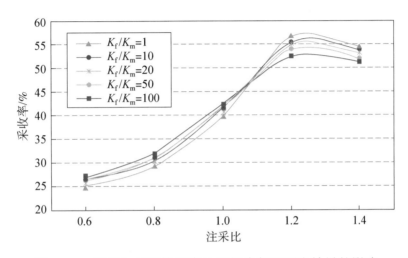

图4-17 裂缝与基质渗透率比对烃类气驱开发效果的影响

从图4-17可以看出，裂缝与基质渗透率比对开发效果的影响规律如下：当裂缝与基质渗透率比相同时，注采比增加，采收率随之增加；当裂缝与基质渗透率比不同时，在低注采比下，裂缝与基质渗透率比越大，开发效果越好，裂缝对采收率贡献越大，在高注采比下，裂缝与基质渗透率比越小越有利，主要原因是高注采比时，注入气量相对较大，裂缝与基质渗透率比越大，越容易发生气窜，如图4-18所示。

3. 裂缝密度对烃类气驱开发效果的影响

为了研究储层裂缝密度对烃类气驱开发效果的影响规律，设置注采比分别为0.6、0.8、1.0、1.2、1.4，储层裂缝密度分别为0.05、0.1、0.15、0.2、0.25，如图4-19所示。采用连续注气的方式，不同储层裂缝密度下采收率的变化规律如图4-20所示。

从图4-20可以看出，低注采比下，裂缝密度对采收率的影响较小，当注采比较大时，对采收率影响较大；同一注采比下，随裂缝密度增大，采收率先增大后减小。在一定裂缝密度时，裂缝会对采收率有较大贡献，但裂缝密度达到一定值后，容易发生气窜，导致采收率出现下降趋势。

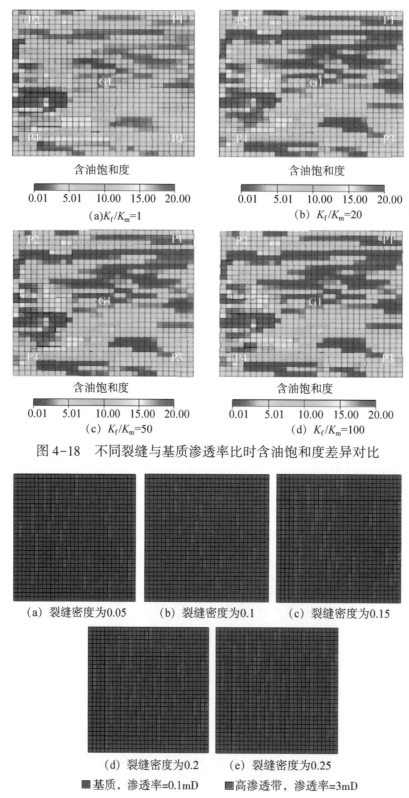

(a) $K_f/K_m=1$

(b) $K_f/K_m=20$

(c) $K_f/K_m=50$

(d) $K_f/K_m=100$

图 4-18　不同裂缝与基质渗透率比时含油饱和度差异对比

(a) 裂缝密度为0.05　　　(b) 裂缝密度为0.1　　　(c) 裂缝密度为0.15

(d) 裂缝密度为0.2　　　(e) 裂缝密度为0.25

■ 基质，渗透率=0.1mD　　　■ 高渗透带，渗透率=3mD

图 4-19　油藏数值模拟模型裂缝密度(蓝色为基质，红色为高渗透带)

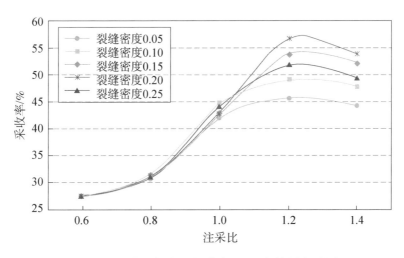

图 4-20 裂缝密度对烃类气驱开发效果的影响

4. 开发方式对烃类气驱开发效果的影响

为了研究不同开发方式对烃类气驱开发效果的影响规律，设置注采比分别为 0.6、0.8、1.0、1.2、1.4，研究注水、连续注气、间歇注气、水气交替四种开发方式下采收率的变化规律，结果如图 4-21 所示。

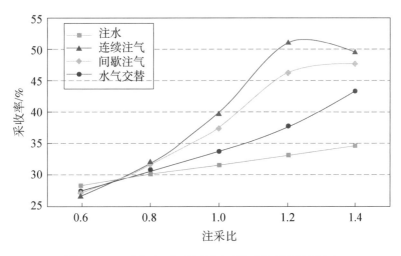

图 4-21 开发方式对烃类气驱开发效果的影响

从图 4-21 可以看出，在同一开发方式下，注采比增加，采收率随之增加。注采比较低时，注水效果最好，其次依次为水气交替、间歇注气、连续注气，主要原因是低注采比时，油藏处于低压力保持水平，注水和注气均能够注入，但由于注气在低压条件下容易气窜，因此低注采比条件下注水效果最好。注采比较高时，连续注气开发效果最好，其次为间歇注气、水气交替、水驱，主要原因是目标区注水困难，导致水气交替效果相对较差，注气效果较好。

5. 采油速度对烃类气驱开发效果的影响

为了研究采油速度对烃类气驱开发效果的影响规律，设置不同注采比分别为 0.6、0.8、1.0、1.2、1.4，采油速度分别为 0.4%、0.5%、0.6%、0.7%、0.8%，采用连续注气的方式，不同采油速度下采收率的变化规律如图 4-22 所示。

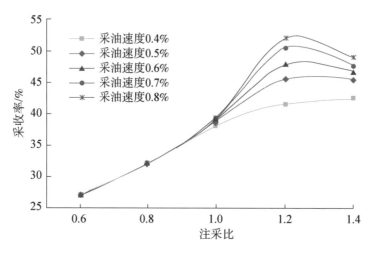

图 4-22　采油速度对烃类气驱开发效果的影响

从图 4-22 可以看出，同一采油速度下，采收率随着注采比的增加而增大。当采油速度不同时，在注采比小于 1 时，随着采油速度增加，采收率变化不明显，主要原因是低注采比时，地层压力会不断下降，此时注气过程属于非混相驱，油井生产能力低，从而导致对不同采油速度下采收率的影响较小。当注采比较高时，采收率随采油速度增加而增加，主要原因是当注采比较高时，地层压力会持续上升，容易形成混相驱，采油速度越大，产油能力越强，采收率增加幅度越大。

6. 注气时机对烃类气驱开发效果的影响

为了研究注气时机对烃类气驱开发效果的影响规律，设置注采比分别为 0.6、0.8、1.0、1.2、1.4，注气时机(以目前地层压力 19.70MPa 为基础)分别为目前地层压力的 40%、55%、70%、85%、100%，采用连续注气的方式，不同注气时机下采收率的变化规律如图 4-23 所示。

从图 4-23 可以看出，当注气时机相同时，注采比增加，采收率增大。对比注气时机不同下的采收率可知，注气越早，采收率越高，开发效果越好。主要原因是注气越早，地层压力能够更早的恢复，能够维持较高的压力保持水平，注入气与原油更容易达到混相状态，最终的驱油效果会越好。

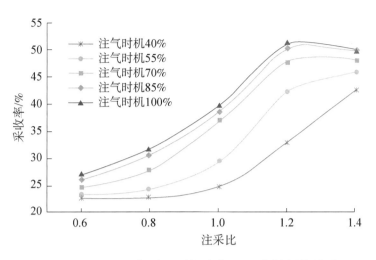

图 4-23 注气时机对烃类气驱开发效果的影响

7. 压力恢复水平对烃类气驱开发效果的影响

为了研究压力恢复水平对烃类气驱开发效果的影响规律，设置注采比分别为 0.6、0.8、1.0、1.2、1.4，压力恢复水平（以原始地层压力 36.8MPa 为参考）分别为 60%、70%、80%、90%、100%，采用连续注气的方式，地层压力一旦恢复到 36.8MPa，注采比设置为 1.0，不同压力恢复水平下采收率的变化规律如图 4-24 所示。

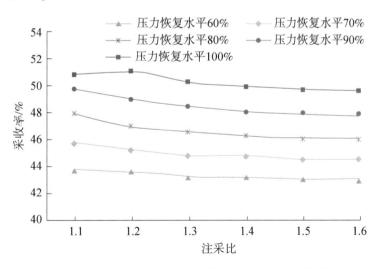

图 4-24 压力恢复水平对烃类气驱开发效果的影响

从图 4-24 可以看出，压力恢复水平越高，采收率越高，主要原因是压力恢复水平越高，高注采比注气时间越长，采收率越高。但在同一压力恢复水平下，注采比越高，驱油效果越差，主要因为注采比越高，地层压力恢复得越快，高注采比注气时间越短，导致采收率相对较低。

二、注入气组成对注气驱油特征的影响

利用数值模拟方法,通过改变注入气中不同酸性气体含量(包括注入气中 CO_2 含量、H_2S 含量以及 CO_2+H_2S 含量),研究注入气中酸性气体含量对开发效果的影响。

1. 注入气中 CO_2 含量对烃类气驱开发效果的影响

设置六组不同 CO_2 含量的注入气,CO_2 含量分别为20%、40%、60%、80%、100%,具体注入气组成见表4-1。注入气中 CO_2 含量对烃类气驱采收率的影响如图4-25所示。

表4-1 CO_2 含量不同的烃类注入气组成　　　　单位:%

序号	CO_2	H_2S	N_2	C_1	C_2	C_3	iC_4	nC_4
1	0	0	2.29	82.53	8.14	4.81	1.11	1.11
2	20	0	1.83	66.02	6.51	3.85	0.89	0.89
3	40	0	1.37	49.52	4.88	2.88	0.67	0.67
4	60	0	0.92	33.01	3.26	1.92	0.45	0.45
5	80	0	0.46	16.51	1.63	0.96	0.22	0.22
6	100	0	0	0	0	0	0	0

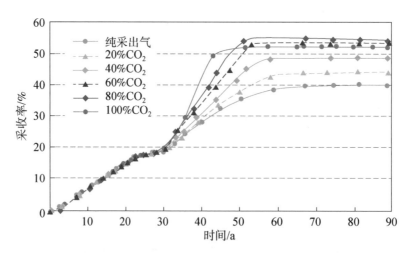

图4-25　注入气中 CO_2 含量对烃类气驱开发效果的影响

如图4-25所示,随着注入气中 CO_2 含量增加,采收率先增加后减小。纯 CO_2 驱的开发效果并不是最好的,CO_2 含量为80%的注入气采收率最高。出现这种情况的主要原因是注入气中 CO_2 含量越高,最小混相压力越低,混相能力越

强，导致前期采出程度越高，但采收率受驱油效率和波及效率两者的共同影响，虽然混相程度提高了，但气驱波及效率会有所降低，容易出现气窜，因此会出现纯 CO_2 驱的开发效果并不是最好的情况。

2. 注入气中 H_2S 含量对烃类气驱开发效果的影响

设置六组不同 H_2S 含量的注入气，H_2S 含量分别为 20%、40%、60%、80%、100%，具体注入气组成见表 4-2。注入气中 H_2S 含量对烃类气驱采收率的影响规律如图 4-26 所示。

表 4-2　H_2S 含量不同的烃类注入气组成　　　　单位:%

序号	CO_2	H_2S	N_2	C_1	C_2	C_3	iC_4	nC_4
1	0	0	2.29	82.53	8.14	4.81	1.11	1.11
2	0	20	1.83	66.02	6.51	3.85	0.89	0.89
3	0	40	1.37	49.52	4.88	2.88	0.67	0.67
4	0	60	0.92	33.01	3.26	1.92	0.45	0.45
5	0	80	0.46	16.51	1.63	0.96	0.22	0.22
6	0	100	0	0	0	0	0	0

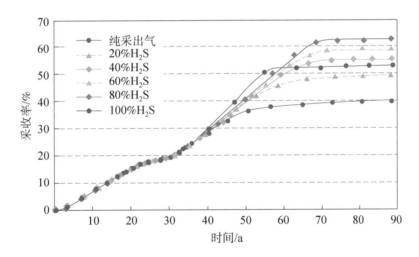

图 4-26　注入气中 H_2S 含量对烃类气驱开发效果的影响

根据图 4-26 可以看出，注入气中 H_2S 含量对气驱开发效果的影响与注入气中 CO_2 含量类似，即随着注入气中 H_2S 含量增加，采收率先增加后减小。纯 H_2S 驱的开发效果并不是最好的，H_2S 含量为 80% 的注入气采收率最高。

3. 注入气中 CO_2+H_2S 含量对烃类气驱开发效果的影响

设置六组不同 CO_2+H_2S 含量的注入气，CO_2+H_2S 含量分别为 20%、40%、

60%、80%、100%，具体注入气组成见表4-3。注入气中 CO_2+H_2S 含量对烃类气驱采收率的影响规律如图4-27所示。

表4-3　CO_2+H_2S 含量不同的烃类注入气组成　　　　单位:%

序号	CO_2	H_2S	N_2	C_1	C_2	C_3	iC_4	nC_4
1	0	0	2.29	82.53	8.14	4.81	1.11	1.11
2	10	10	1.83	66.02	6.51	3.85	0.89	0.89
3	20	20	1.37	49.52	4.88	2.88	0.67	0.67
4	30	30	0.92	33.01	3.26	1.92	0.45	0.45
5	40	40	0.46	16.51	1.63	0.96	0.22	0.22
6	50	50	0	0	0	0	0	0

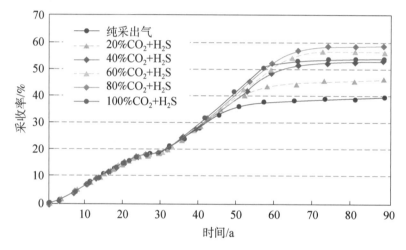

图4-27　注入气中 CO_2+H_2S 含量对烃类气驱开发效果的影响

从图4-27可以看出，随着注入气中 CO_2+H_2S 含量增加，采收率先增加后减小。CO_2+H_2S 含量为100%时的开发效果并不是最好，CO_2+H_2S 含量为80%的注入气采收率最高。

三、碳酸盐岩挥发性原油注气效果主控因素分析

1. 正交实验参数设计

本次正交实验主要从储层参数、开发参数和流体参数3方面研究各参数对注气开发的影响规律。其中，储层参数包括渗透率、垂直与水平渗透率比、裂缝与基质渗透率比、地层倾角以及裂缝密度5个影响因素，开发参数包括采油速度、注采比、注气时机以及压力恢复水平4个影响因素，流体参数包括注入气酸性气含量1个影响因素，如图4-28所示。

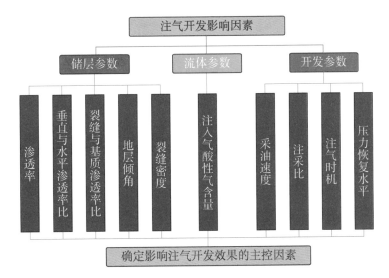

图 4-28　正交实验主要影响参数

设计正交实验为 10 参数 5 水平，根据这些参数总共设计了 81 个油藏数值模拟方案，具体各参数水平设置见表 4-4。

表 4-4　正交实验各参数水平设置

水平	渗透率/mD	垂直与水平渗透率比	裂缝与基质渗透率比	采油速度/%	注采比	地层倾角/(°)	注气时机/%	压力恢复水平/%	注入气酸性气含量/%	裂缝密度/(条/m)
1	5.65	0.1	1	0.4	0.6	0	100	60	20	0.05
2	11.30	0.3	10	0.7	0.8	5	85	70	40	0.10
3	22.60	0.6	20	1.0	1.0	10	70	80	60	0.15
4	56.50	0.8	50	1.3	1.2	15	55	90	80	0.20
5	113.00	1.0	100	1.6	1.4	20	40	100	100	0.25

采用 Eclipse 软件的 E300 模块建立组分模型（图 4-29），模型网格大小为 30×30×10，总共 9000 个网格，采用五点法井网模拟注气开发影响因素。采用非平衡初始化方式，初始压力 36.8MPa，初始含油饱和度 82.4%，设置井底流压下限为 7MPa，生产汽油比上限为 3500m³/m³，注入井注入压力上限为 45MPa，含水率上限为 98%，进行模拟注气开发。

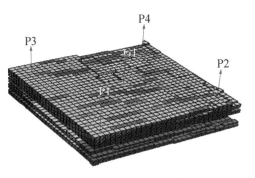

图 4-29　典型井组数值模型

2. 正交实验结果及主控因素分析

按照上述设计的正交实验参数，采用 Eclipse 软件进行油藏数值模拟，最终获得 81 个油藏数值模拟方案的最终采收率数据，结果见表 4-5。

表 4-5　正交实验最终采收率统计表

方案序号	最终采收率/%	方案序号	最终采收率/%	方案序号	最终采收率/%
1	42.66	28	26.63	55	55.22
2	30.16	29	58.43	56	17.08
3	68.38	30	65.46	57	21.88
4	20.13	31	33.76	58	20.14
5	70.55	32	49.57	59	68.40
6	71.79	33	38.21	60	52.75
7	56.88	34	86.30	61	18.75
8	63.79	35	74.82	62	62.18
9	38.78	36	75.85	63	17.08
10	66.25	37	47.76	64	58.31
11	64.98	38	62.81	65	23.85
12	63.03	39	21.07	66	53.56
13	60.50	40	57.38	67	53.56
14	60.04	41	47.24	68	16.77
15	82.61	42	17.41	69	54.91
16	78.00	43	56.90	70	59.87
17	51.34	44	54.47	71	43.61
18	59.79	45	39.00	72	30.78
19	26.63	46	73.31	73	62.81
20	56.43	47	67.69	74	65.53
21	67.49	48	13.88	75	57.83
22	24.72	49	55.22	76	60.38
23	53.17	50	11.02	77	65.32
24	55.05	51	44.79	78	16.42
25	69.95	52	42.05	79	53.04
26	61.15	53	73.91	80	52.52
27	14.20	54	35.37	81	24.97

根据以上油藏数值模拟结果，利用数据统计分析软件 SPSS 的 BBD 数据分析模块，对结果进行分析处理，得到各个参数对油藏注气开发提高采收率影响程度的排序，从而可以确定影响油藏注气开发的主控因素(表 4-6)。

表 4-6　正交实验主控因素排序

| 水平 | 不同因素水平下的采收率/% | | | | | | | | | |
	渗透率	垂直与水平渗透率比	裂缝与基质渗透率比	采油速度	注采比	地层倾角	注气时机	压力恢复水平	注入气酸性气含量	裂缝密度
1	38.68	47.77	48.83	57.21	31.52	41.44	47.19	57.08	49.4	48.75
2	45.58	52.56	47.70	50.30	40.43	49.09	46.76	53.16	47.78	49.76
3	54.10	48.66	51.17	45.46	60.93	55.59	48.20	44.40	50.20	49.76
4	52.65	50.30	53.04	49.32	61.43	55.49	51.37	46.99	49.41	47.89
5	65.46	49.80	47.05	44.13	59.19	55.37	54.34	45.40	54.52	55.71
极差	26.78	4.79	5.99	13.08	29.91	12.68	7.59	6.74	14.15	7.82
排序	2	10	9	4	1	5	7	8	3	6

通过 BBD 数据统计分析后，可得出油藏注气开发的影响参数对烃类气驱开发效果的影响大小排序如下：注采比>渗透率>注入气酸性气含量>采油速度>地层倾角>裂缝密度>注气时机>压力恢复水平>裂缝与基质渗透率比>垂直与水平渗透率比。其中，注采比、渗透率、注入气酸性气含量以及采油速度对烃类气驱开发效果的影响最大，因此，确定其为影响烃类气驱开发的主控因素，而裂缝与基质渗透率比、垂直与水平渗透率比对最终采收率影响不是很明显，结果如图 4-30 所示。

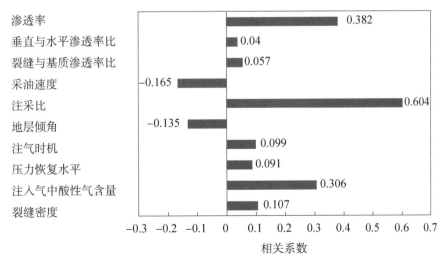

图 4-30　BBD 采收率相关性评价结果

第五章　碳酸盐岩油藏气驱油藏工程方法

经过多年研究，水驱已经形成了一套比较成熟的开发效果评价方法，但气驱的评价方法和标准还很单一，主要以产油量和采收率等少数几个参数为指标，只从表观上对开发效果进行分析评价，研究深度不足，不能全面、深入地认识开发过程中存在的问题。由于缺少对动态变化特征的研究，对于如何分析气驱开发过程中存在的问题、进一步调整气驱开发对策仍然没有一个明确的指导方法。如果能够有一套科学、全面的气驱开发效果评价方法，对气驱开发生产动态特征进行评价，将对增强气驱开发效果的认识，发现气驱开发过程中的问题，实施针对性的调整开发方案，改善气驱开发效果和提高气驱采收率产生重要影响。本章主要内容是对注气驱油过程进行系统总结，提出气驱全生命周期开发规律，用以指导后续开发过程。

第一节　气驱全生命周期开发规律分析

如果目前地层压力保持水平低于最小混相压力甚至泡点压力，此时对油藏实施注气开发，注入气与地层原油进行接触时为非混相或近混相状态，随着注入体积的增加，地层压力逐渐恢复，此时两相过渡带会逐渐消失，界面张力趋近于0，达到混相。如果不考虑重力分异的影响，非混相、近混相和混相气驱在不同阶段会表现不同的特征。

一、非混相及近混相气驱规律分析

气驱以非混相或近混相状态进行驱替时，流体分布特征表现为3个区：注入气区、两相过渡区、纯油区，如图5-1和图5-2所示，蓝色区为注入气区，红色区为纯油区，中间为两相过渡区。进行驱替时，3个区会逐渐向生产井逼近。

图5-1　非混相驱替及近混相驱替地下流体分布图

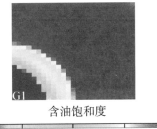

含油饱和度

图 5-2　非混相驱替及近混相驱替流体分布示意图

随着注入体积的增加，两相区前缘突破生产井发生气窜，驱替过程的气窜表现为两个阶段，如图 5-3 所示，第一个阶段是新生成气突破，此时改善的原油也流到生产井井底，此时是见效期；第二个阶段是注入气窜，此阶段是注入气突破到生产井井底，气驱效果变差。

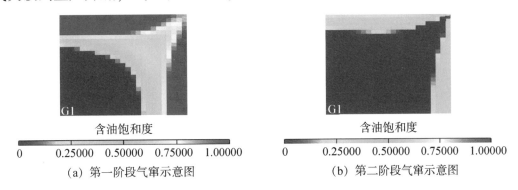

（a）第一阶段气窜示意图　　　　（b）第二阶段气窜示意图

图 5-3　非混相驱替及近混相驱替的气窜阶段

非混相驱替或近混相驱替全生命周期分为 3 个阶段：扩大波及体积阶段、提高驱油效率阶段和无效注气阶段，如图 5-4 所示。在注气初期，采出程度增加以扩大波及体积为主，当注采井间沟通后，发生第一阶段气窜，波及体积基本达到最大；继续注气将在最大波及体积内以提高驱油效率为主，此时提高采出程度的主要贡献是驱油效率的提高；无效注气阶段发生第二阶段气窜，此时气驱已经达到最大采出程度。

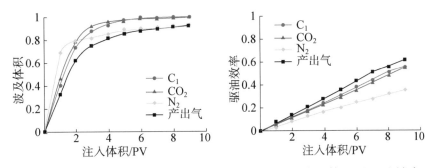

图 5-4　非混相驱替及近混相驱替全生命周期的波及体积及驱油效率

二、混相气驱规律分析

气驱达到混相驱替时，流体分布特征表现为两个区：注入气区和纯油区。随着驱替的进行，两个区会逐渐向生产井逼近。混相驱替特征与活塞驱替类似，能够均匀波及地层且在波及范围内驱油效率能达到100%。混相驱替的气窜只表现为1个阶段，即注入气窜，如图5-5和图5-6所示。此时的波及体积基本接近最大值，气驱油效率也出现拐点。

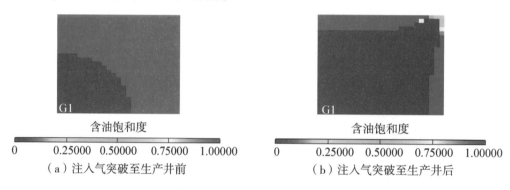

图 5-5　混相驱替的气窜阶段

图 5-6　混相驱替地下流体分布图

混相驱全生命周期分为两个阶段：扩大波及体积和提高驱油效率阶段、无效注气阶段，如图5-7所示。在混相驱气波及区，相间界面张力为0，达到完全混相，驱油效率理论上为100%，类似活塞驱油过程。在第一阶段，波及体积和驱油效率的增长速度较快。当发生气窜后，波及体积达到最大值，气驱采出程度出现拐点。

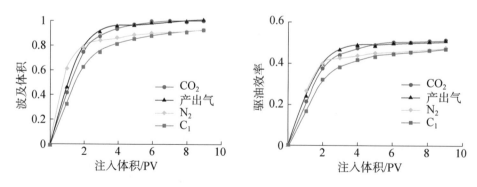

图 5-7　混相驱全生命周期波及体积及驱油效率

第二节　注气开发阶段评价方法研究

通过建立机理模型，研究含气饱和度及地层压力的变化范围，分析波及体积的变化规律，图 5-8 和图 5-9 为机理模型模拟计算 10 年后的地层压力和含气饱和度分布。

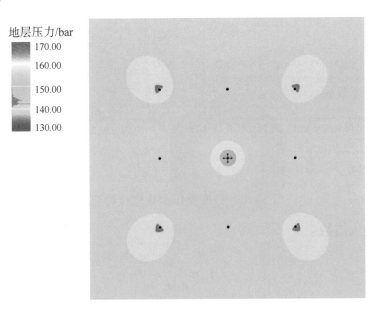

图 5-8　生产 10 年后地层压力分布

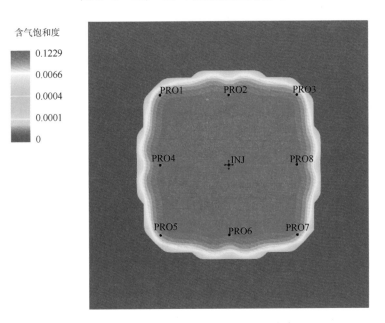

图 5-9　生产 10 年后含气饱和度分布

在分析生产动态特征时，以注入井井底压力为指标，引入无因次注入倍数并对压力进行求导，可获得井底压力微观变化特征，如图 5-10 所示。井底流压导数曲线是指井底流压对 $\ln t$ 的导数随时间的变化。

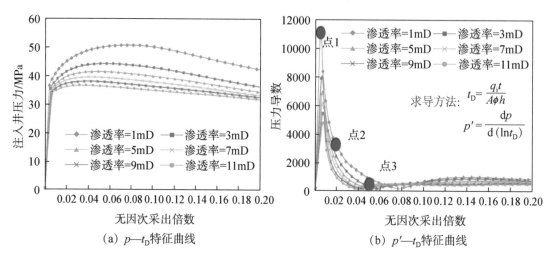

图 5-10　井底流压微观变化特征

无因次注入倍数：

$$t_D = \frac{q_i t}{A \phi h} \tag{5-1}$$

式中　q_i——注入井注入量，m^3/d；

　　　t——注入井累计注入时间，d；

　　　A——油藏面积，m^2；

　　　ϕ——孔隙度；

　　　h——油藏平均厚度，m。

对时间 t 进行无因次化得到的无因次时间 t_D，既引入了时间 t，同时也考虑了注入井的注入量和油藏体积，是一个注入倍数的概念。

压力导数式：

$$p' = \frac{dp}{d(\ln t_D)} = t_D \frac{dp}{dt_D} \tag{5-2}$$

通过对导数曲线进行分析，可以发现井底流压导数曲线具有明显的三个特征点。点 1 为形成驱替机制时间点，此时注气井与产油井之间形成压力响应，注气井注入的气开始对产油井产生作用，形成驱替机制，存在一个压力突破，压力导数特征曲线出现第一个特征点，如图 5-11 所示。

点 2 为见气时间点，压力导数特征曲线到达第二个特征点，此时注入气突破到生产井底，该井组内有生产井见气，井底流压下降速度开始减缓，如图 5-12 所示。

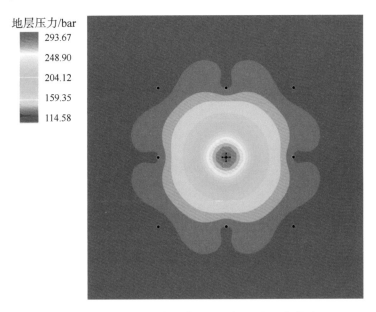

图 5-11 形成驱替机制时平均地层压力分布

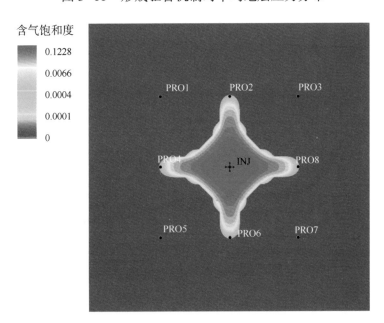

图 5-12 生产井见气时含气饱和度分布

点 3 为达到最大开发效果时间点，此时注入井与生产井之间形成气窜，注气开发效果出现明显转变，井底流压迅速下降。压力导数特征曲线在经过第三个特征点之后，大部分注入气成为无效气驱，导致气驱开发效果明显降低，如图 5-13 所示。

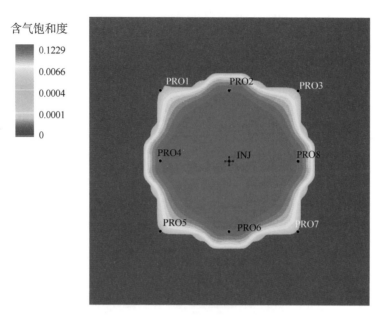

图 5-13　达到最大开发效果时含气饱和度分布

　　根据以上方法，采用注入井的井底流压数据，可以简便地判断注气井目前的注入阶段，如果达到第三个特征点，即达到最大开发效果时间，此后该注气井的注气效果开始明显下降，需要考虑优化开发参数，调整开发方案。

　　改变机理模型的渗透率，分别模拟计算 2mD、3mD、5mD、7mD、10mD 条件下的开发结果，并进行注入阶段评价。图 5-14 和图 5-15 分别为不同渗透率条件下的井底流压曲线对比图和压力导数曲线对比图。

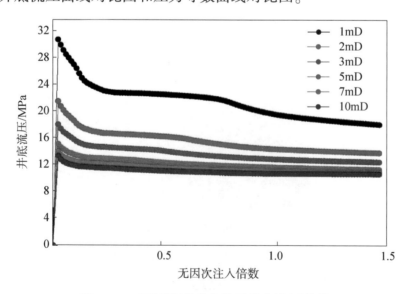

图 5-14　不同渗透率条件下井底流压曲线

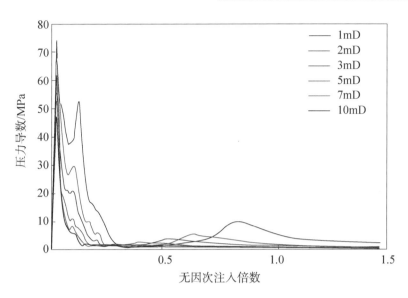

图 5-15　不同渗透率条件下压力导数曲线

从图 5-14 中可以看出，随着渗透率的增大，注入井的井底流压不断下降，而且下降幅度不断减小，当渗透率从 7mD 增大到 10mD 时，井底流压下降幅度很小；此外，注入井的井底流压在整个模拟过程中的变化幅度不断减小。

从图 5-15 中可以看出，在不同渗透率条件下，注入压力导数曲线均存在上述三个特征点；随着渗透率的增大，压力导数曲线中的特征点逐渐消失，当渗透率达到 10mD 时，只有形成驱替机制的时间点（特征点 1）存在；从达到各特征点的时间早晚来看，形成驱替机制时间点（特征点 1）均在模拟期的第一个时间步到达，见气时间点（特征点 2）随着渗透率的增大，出现时间略有提前，达到最大开发效果时间点（特征点 3）随着渗透率的增大会有明显的提前，且渗透率越小提前的幅度越大。

从图 5-14 和图 5-15 可以看出，所提出的针对气驱的注入阶段评价方法适用于储层渗透率小于 10mD 的油藏，且渗透率越小，该方法的应用效果越好。

第三节　注气受效方向确定方法研究

如果把油藏的生产井、注入井和井间孔道当成一个整体，那么该整体的输入为注气井的注气量，输出为生产井的产液量。基于系统辨识理论，构建能够简单、准确、快速地确定井间动态受效方向的注采相关模型至关重要。

根据质量守恒定律，注入井的注入量与生产井的产液量之差导致地层压力变化，在一注一采的系统中有：

$$C_t V_p \frac{\mathrm{d}\bar{p}}{\mathrm{d}t} = i(t) - q(t) \tag{5-3}$$

又有：

$$q(t) = J\left[\bar{p}(t) - p_{\text{wfp}}(t)\right] \tag{5-4}$$

$$i(t) = I\left[p_{\text{wfi}}(t) - \bar{p}(t)\right] \tag{5-5}$$

将式(5-4)代入式(5-3)可得：

$$i(t) = q(t) + \frac{C_t V_p}{J}\frac{\mathrm{d}q}{\mathrm{d}t} + C_t V_p \frac{\mathrm{d}p_{\text{wfp}}}{\mathrm{d}t} \tag{5-6}$$

将式(5-5)代入式(5-3)可得：

$$q(t) = i(t) + \frac{C_t V_p}{I}\frac{\mathrm{d}i}{\mathrm{d}t} - C_t V_p \frac{\mathrm{d}p_{\text{wfi}}}{\mathrm{d}t} \tag{5-7}$$

联立式(5-6)和式(5-7)可得：

$$\frac{C_t V_p}{I}\frac{\mathrm{d}i}{\mathrm{d}t} - C_t V_p \frac{\mathrm{d}p_{\text{wfi}}}{\mathrm{d}t} + \frac{C_t V_p}{J}\frac{\mathrm{d}q}{\mathrm{d}t} + C_t V_p \frac{\mathrm{d}p_{\text{wfp}}}{\mathrm{d}t} = 0 \tag{5-8}$$

式中　C_t——综合压缩系数，MPa^{-1}；

　　　V_p——油藏的孔隙体积，m^3；

　　　$\bar{p}$——油藏压力，MPa；

　　　i，$i(t)$——注入速度，m^3/s；

　　　q，$q(t)$——采出速度，m^3/s；

　　　J——采油指数，$\mathrm{m}^3/(\mathrm{s}\cdot\mathrm{MPa})$；

　　　I——注入指数，$\mathrm{m}^3/(\mathrm{s}\cdot\mathrm{MPa})$；

　　　p_{wfp}，$p_{\text{wfp}}(t)$——生产井的井底流压，MPa；

　　　p_{wfi}，$p_{\text{wfi}}(t)$——注入井的井底流压，MPa。

一般情况下，注入井和生产井的压力数据较难获取，因此将式(5-8)中的压力项进行合并，如式(5-9)所示：

$$C_t V_p \frac{\mathrm{d}p_{\text{wfp}}}{\mathrm{d}t} - C_t V_p \frac{\mathrm{d}p_{\text{wfi}}}{\mathrm{d}t} \approx -C_t V_p \frac{\mathrm{d}\frac{q}{J/2}}{\mathrm{d}t} = -\frac{2C_t V_p}{J}\frac{\mathrm{d}q}{\mathrm{d}t} \tag{5-9}$$

将式(5-9)代入式(5-8)可得：

$$\frac{1}{J}\frac{\mathrm{d}q}{\mathrm{d}t} = \frac{1}{I}\frac{\mathrm{d}i}{\mathrm{d}t} \tag{5-10}$$

式(5-10)可以改写为：

$$\frac{\mathrm{d}q}{\mathrm{d}t} = \lambda \frac{\mathrm{d}i}{\mathrm{d}t} \tag{5-11}$$

当注采系统为多注多采系统(m 口生产井、n 口注入井)时，可以将式(5-11)改写为：

$$q_j = \sum_{i=1}^{i=n} \lambda_{ij} i_i + c_j \qquad (j = 1, 2, \cdots, m) \qquad (5-12)$$

结合多元线性回归理论，第 j 口生产井的产液量 q_j 可以表示为以下多元线性回归模型：

$$q_j(t) = \sum_{i=1}^{i=n} \lambda_{ij} i_i(t) + c_j \qquad (5-13)$$

式中　c_j——常数项；

λ_{ij}——第 j 口生产井与第 i 口注入井的权重系数；

$i_i(t)$——第 i 口注入井在 t 时刻的注入量；

$q_j(t)$——第 j 口生产井在 t 时刻的产液量。

当常数项 $c_j=0$ 时，油藏处于注采平衡状态，c_j 的值越大，说明油藏的注采状态越不平衡。权重系数 λ_{ij} 的大小代表注采井间的受效大小情况，λ_{ij} 的值越大，说明井间受效程度越大。

当时间为 t_1，t_2，$\cdots$，t_k 时，多注多采系统的多元线性回归模型可以写为以下的矩阵形式：

$$\begin{pmatrix} i_1(t_1) & i_2(t_1) & \cdots & i_n(t_1) & 1 \\ i_1(t_2) & i_2(t_2) & \cdots & i_n(t_2) & 1 \\ i_1(t_3) & i_2(t_3) & \cdots & i_n(t_3) & 1 \\ \vdots & \vdots & \ddots & \vdots & \vdots \\ i_1(t_k) & i_2(t_k) & \cdots & i_n(t_k) & 1 \end{pmatrix} \begin{pmatrix} \lambda_{1j} \\ \lambda_{2j} \\ \vdots \\ \lambda_{nj} \\ c_j \end{pmatrix} \begin{pmatrix} q_j(t_1) \\ q_j(t_2) \\ q_j(t_3) \\ \vdots \\ q_j(t_k) \end{pmatrix} \qquad (5-14)$$

对 1 口生产井而言，式(5-14)中有 k 个方程，$n+1$ 个未知量，利用 Matlab 软件对矩阵进行求解，即可得到生产井与注入井之间的受效大小情况，进而确定井间受效方向。

根据以上方法，采用油藏实际注入、产出数据，即可评价注入气流动方向、采油井是否受效及受效程度等。

基于以上方法，对机理模型进行调整，将一注八采的正方形反九点井网调整为五注四采的井网形式(图5-16)，将生产井的生产方式调整为定井底流压生产。为了更好地研究多注多采系统中的受效方向，模拟实际开采中的注入情况，将模型中 5 口注入井的注入量设定为 $10\sim100\text{m}^3/\text{d}$(地下体积)的随机数值(表5-1)。

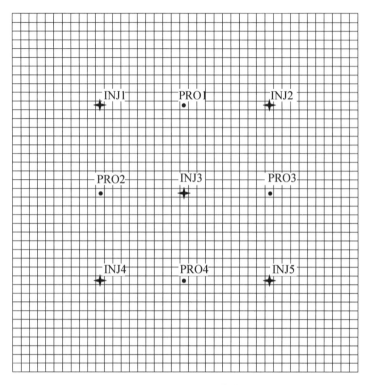

图 5-16　五注四采井网

表 5-1　机理模型 5 口注入井注入量数据

时间步	INJ1	INJ2	INJ3	INJ4	INJ5	时间步	INJ1	INJ2	INJ3	INJ4	INJ5
1	64	48	76	84	40	20	36	12	49	49	98
2	99	68	62	98	76	21	94	59	40	61	28
3	90	79	47	77	48	22	99	98	29	66	85
4	21	78	82	84	69	23	77	41	11	38	86
5	46	50	60	96	49	24	16	65	96	60	52
6	77	51	43	94	33	25	41	82	63	77	22
7	58	42	95	70	22	26	61	62	63	35	84
8	98	89	77	77	53	27	28	25	88	48	90
9	13	51	90	90	62	28	11	36	86	17	45
10	89	12	39	58	99	29	97	75	84	90	33
11	21	59	34	86	73	30	11	70	28	67	87
12	27	74	44	89	13	31	31	13	85	70	71
13	79	11	44	49	75	32	95	98	99	61	41
14	89	67	86	37	64	33	16	57	90	99	76
15	14	23	75	41	77	34	86	22	22	100	27
16	19	74	69	32	29	35	44	70	86	19	91
17	76	91	37	55	76	36	91	50	49	94	64
18	71	83	87	100	86	37	26	37	40	67	98
19	62	72	45	78	13	38	61	88	99	38	88

续表

时间步	INJ1	INJ2	INJ3	INJ4	INJ5	时间步	INJ1	INJ2	INJ3	INJ4	INJ5
39	57	44	11	44	27	80	70	100	77	38	59
40	77	98	43	45	94	81	99	59	36	100	47
41	99	29	92	27	56	82	56	100	92	61	81
42	17	37	94	20	65	83	91	12	61	82	18
43	11	80	88	79	99	84	89	98	53	50	87
44	16	10	22	43	77	85	98	94	46	59	58
45	62	45	93	11	83	86	33	82	28	74	75
46	96	56	84	79	36	87	20	17	67	62	69
47	24	75	42	58	47	88	56	86	77	72	73
48	20	19	46	56	57	89	57	34	15	65	43
49	38	94	74	22	79	90	45	79	32	89	41
50	31	68	90	60	47	91	61	48	77	64	83
51	90	88	49	88	82	92	43	34	83	77	17
52	74	75	92	21	80	93	41	44	64	29	39
53	41	19	17	34	80	94	99	87	69	66	35
54	57	30	15	43	55	95	47	93	51	17	44
55	32	28	97	80	50	96	89	79	20	49	25
56	87	51	81	61	92	97	59	11	46	19	48
57	17	23	84	63	89	98	26	99	56	93	95
58	19	70	73	86	64	99	74	59	33	88	86
59	46	84	90	16	20	100	11	24	98	59	32
60	46	72	100	55	26	101	63	17	21	99	13
61	97	40	14	47	13	102	70	20	56	71	23
62	31	61	15	42	62	103	51	37	31	14	58
63	69	70	91	34	17	104	86	100	36	33	11
64	85	75	93	23	92	105	90	26	39	59	94
65	81	84	67	24	17	106	13	46	61	90	91
66	99	51	74	99	14	107	61	45	96	39	87
67	80	86	86	47	30	108	83	89	67	31	63
68	23	52	95	97	65	109	83	53	41	90	19
69	12	54	58	89	81	110	47	29	20	71	15
70	26	20	40	13	66	111	89	78	67	33	92
71	17	96	77	94	51	112	75	31	42	78	99
72	65	13	72	53	57	113	86	68	86	39	47
73	28	93	82	61	78	114	27	76	43	26	32
74	66	40	29	81	77	115	54	51	89	45	84
75	93	11	82	20	36	116	56	47	89	50	47
76	10	95	58	65	56	117	36	45	21	11	82
77	37	59	27	92	11	118	82	11	90	17	100
78	87	29	91	87	34	119	25	18	43	75	14
79	38	60	52	79	91	120	74	65	82	16	54

根据机理模型的模拟结果，将注气井的注入量和生产井的产液量代入多元线性回归模型进行求解并进行归一化处理，根据表5-2的结果可以做出均质模型井间受效图(图5-17)，箭头端部的大小表示受效情况的大小。从图5-17中可以看出，在均质模型中，注采井间的距离与受效情况相关，距离相等的注采井之间受效情况大致相等，距离越远，受效情况越弱。模型计算结果与实际情况基本符合，因此可以验证该受效方向确定方法的有效性。

表5-2　均质模型注采井间受效情况

井号	PRO1	PRO2	PRO3	PRO4
INJ1	0.311	0.303	0.196	0.190
INJ2	0.348	0.174	0.325	0.153
INJ3	0.235	0.245	0.257	0.263
INJ4	0.204	0.293	0.207	0.296
INJ5	0.188	0.193	0.306	0.313

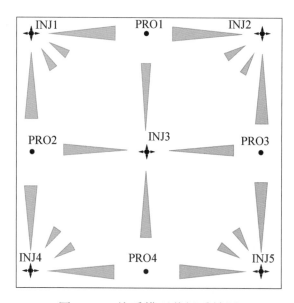

图5-17　均质模型井间受效图

为了研究整个开发过程中，注采井之间受效情况的动态变化规律，通过对生产井产液量(图5-18)的分析，将整个模拟过程以每两年为一个阶段，共划分为5个阶段，其中，第1个阶段处于注采系统不稳定状态，第2阶段至第5阶段处于注采系统稳定状态，分别计算不同阶段的受效情况，研究并分析其动态变化规律(表5-3至表5-7)。

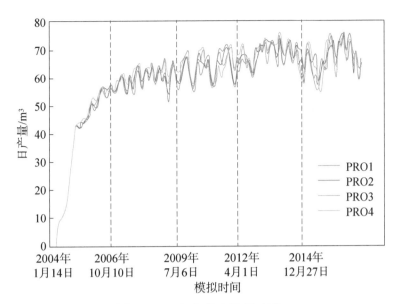

图 5-18 生产井产液量变化

表 5-3 第 1 阶段受效情况

井号	PRO1	PRO2	PRO3	PRO4
INJ1	0.299	0.311	0.186	0.203
INJ2	0.345	0.116	0.383	0.156
INJ3	0.242	0.249	0.250	0.258
INJ4	0.226	0.282	0.220	0.272
INJ5	0.174	0.178	0.324	0.324

表 5-4 第 2 阶段受效情况

井号	PRO1	PRO2	PRO3	PRO4
INJ1	0.429	0.422	0.078	0.070
INJ2	0.491	0.135	0.353	0.022
INJ3	0.201	0.219	0.282	0.298
INJ4	0.125	0.355	0.152	0.369
INJ5	0.146	0.137	0.365	0.352

表 5-5 第 3 阶段受效情况

井号	PRO1	PRO2	PRO3	PRO4
INJ1	0.545	0.455	0	0
INJ2	0.574	0.000	0.426	0
INJ3	0.214	0.248	0.259	0.279
INJ4	0.085	0.492	0.018	0.404
INJ5	0	0.068	0.400	0.533

表 5-6 第 4 阶段受效情况

井号	PRO1	PRO2	PRO3	PRO4
INJ1	0.417	0.370	0.127	0.086
INJ2	0.566	0	0.434	0
INJ3	0.204	0.303	0.197	0.296
INJ4	0.003	0.417	0.081	0.499
INJ5	0.112	0.152	0.345	0.391

表 5-7 第 5 阶段受效情况

井号	PRO1	PRO2	PRO3	PRO4
INJ1	0.500	0.500	0	0
INJ2	0.399	0.107	0.396	0.099
INJ3	0.207	0.219	0.283	0.291
INJ4	0.104	0.372	0.129	0.396
INJ5	0.099	0.016	0.488	0.397

对比不同阶段的受效情况计算结果可以发现：当注采系统从不稳定状态达到稳定阶段以后，注入井的受效情况有明显的变化，注入井主要对周围生产井受效，对距离较远的其他井受效情况很微弱，在部分阶段内受效情况为零，如图 5-19 所示。

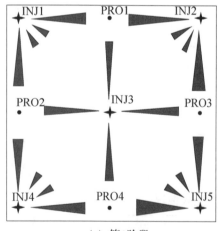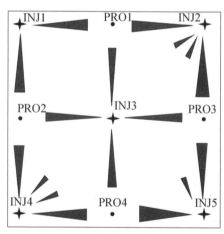

(a) 第1阶段　　　　　　　　　(b) 第5阶段

图 5-19 井间受效阶段对比图

为了进一步对该方法进行验证，将均质机理模型调整为非均质模型(图 5-20)，即在注采井之间增加两条渗透率为 5mD 的高渗透带，再次进行模拟计算。计算结果如表 5-8 和图 5-21 所示。

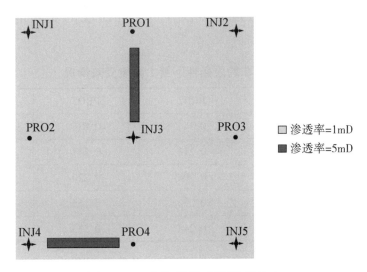

图 5-20 非均质模型渗透率分布

从计算结果中可以看出，在 INJ3 和 PRO1 之间、INJ4 和 PRO4 之间存在高渗透带，与非均质模型的渗透率分布相符。

表 5-8 非均质模型注采井间受效情况

井号	PRO1	PRO2	PRO3	PRO4
INJ1	0.309	0.303	0.196	0.192
INJ2	0.347	0.175	0.322	0.156
INJ3	0.288	0.227	0.243	0.242
INJ4	0.190	0.271	0.188	0.352
INJ5	0.196	0.192	0.306	0.306

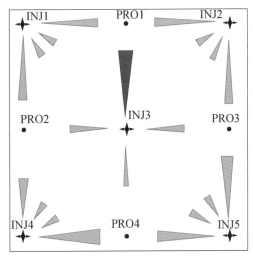

图 5-21 非均质模型井间受效图

同理，将模拟过程进行阶段划分，分析不同阶段的受效情况（表5-9至表5-13）。

表5-9 非均质条件下第1阶段受效情况

井号	PRO1	PRO2	PRO3	PRO4
INJ1	0.259	0.344	0.235	0.162
INJ2	0.262	0.213	0.347	0.178
INJ3	0.298	0.294	0.220	0.188
INJ4	0.191	0.270	0.165	0.374
INJ5	0.173	0.248	0.333	0.246

表5-10 非均质条件下第2阶段受效情况

井号	PRO1	PRO2	PRO3	PRO4
INJ1	0.408	0.416	0.063	0.112
INJ2	0.461	0.154	0.350	0.034
INJ3	0.354	0.197	0.247	0.202
INJ4	0.137	0.274	0.120	0.470
INJ5	0.198	0.092	0.315	0.395

表5-11 非均质条件下第3阶段受效情况

井号	PRO1	PRO2	PRO3	PRO4
INJ1	0.506	0.494	0	0
INJ2	0.544	0.002	0.454	0
INJ3	0.317	0.217	0.221	0.245
INJ4	0.103	0.354	0.043	0.499
INJ5	0.017	0.091	0.386	0.506

表5-12 非均质条件下第4阶段受效情况

井号	PRO1	PRO2	PRO3	PRO4
INJ1	0.390	0.378	0.127	0.106
INJ2	0.547	0	0.453	0
INJ3	0.343	0.247	0.151	0.258
INJ4	0.039	0.313	0.051	0.597
INJ5	0.140	0.152	0.324	0.384

表 5-13　非均质条件下第 5 阶段受效情况

井号	PRO1	PRO2	PRO3	PRO4
INJ1	0.471	0.491	0.017	0.022
INJ2	0.405	0.109	0.399	0.088
INJ3	0.358	0.197	0.216	0.228
INJ4	0.107	0.285	0.124	0.483
INJ5	0.094	0.009	0.506	0.391

　　综合对比 5 个阶段内的受效情况可以发现，受高渗透带的影响，INJ3 对生产井的受效逐渐向 PRO1 集中，INJ4 对生产井的受效逐渐向 PRO4 集中（图 5-22）。通过对不同阶段内的受效情况进行计算，可以表征其动态变化规律。

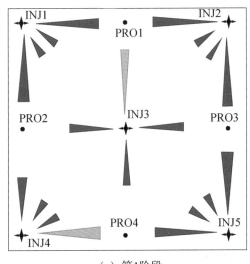

(a) 第1阶段　　　　　　　　　　　　　　(b) 第5阶段

图 5-22　井间受效阶段对比图

　　根据以上分析结果可知，该方法判断井间干扰与储层物性的对应关系非常贴切，即该方法可初步判断井间是否干扰，指导选井。通过以上两个机理模型的验证，结合注入量和产液量数据，利用多元线性回归模型进行矩阵计算，判断生产井和注气井之间的受效情况及受效方向，该方法简便且可靠。

第四节　井间连通能力确定方法研究

　　在研究井间连通能力确定方法过程中，将机理模型调整为一注一采的井网形式，注入井以定注入量的方式注气，生产井以定井底流压的方式进行生产。利用机理模型，研究均质、半连通、连通三种不同情况下（如图 5-23 所示，红色为高渗透带,高渗透带渗透率为3mD),注入气对油井生产动态的影响特征以及注采井间连通能力的影响规律。主要评价指标为无因次时间与含气率、含气率导数关系(含气率指地下产气体积与地下产气及产油体积之和的比值)。注采井间连通能力通过改变注采井间的渗透率来实现。

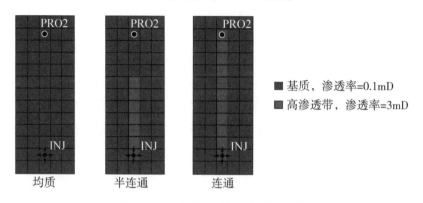

图 5-23 不同连通能力示意图

根据已建立的3种不同机理模型分别进行数值模拟计算,从而获得相应的生产动态数据,并在半对数坐标中绘制含气率及其导数的生产动态特征曲线,进一步分析其特征。

一、均质模型

从图 5-24 可以看出,当储层不存在非均质性时,含气率导数曲线表现为单峰状态,峰值在 8.5 左右;含气率曲线光滑。

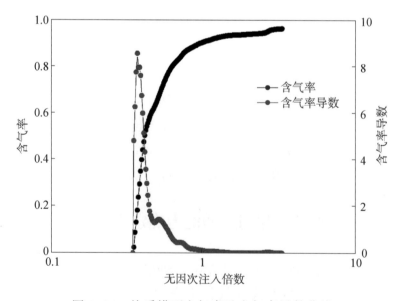

图 5-24 均质模型含气率及含气率导数曲线

二、半连通模型

从图 5-25 可以看出，当注采井间为半连通状态时，含气率导数曲线存在三个明显的波峰，其中第一个峰的峰值最大，在 25 左右；含气率曲线在前期波动情况明显。

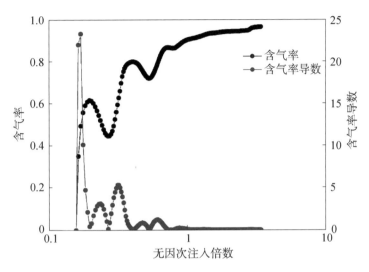

图 5-25　半连通模型含气率及含气率导数曲线

三、连通模型

从图 5-26 可以看出，当注采井间为连通状态时，含气率导数曲线存在三个波峰，第一个峰最为明显，峰值在 50 左右，另外两个波峰峰值很小；含气率曲线在前期有较大的波动。

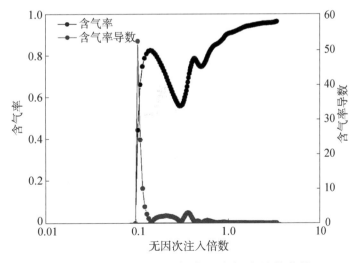

图 5-26　连通模型含气率及含气率导数曲线

在非均质模型中，由于高渗透带的影响，储层的非均质性严重，注入气沿着高渗透带会很快到达生产井，生产井的含气率会快速上升，体现在含气率导数曲线上，表现为第1峰的峰值大，出现时间早的特点。同时由于注入气更多的会沿着高渗透带流动，干扰并延缓了注入气沿着高渗透带以外的储层到达生产井的时间，体现在含气率导数曲线上，表现为第2峰、第3峰的峰值小，出现时间晚的特点。

综合对比三种不同情况下的含气率导数曲线（图5-27），可以得到以下认识：

（1）均质条件下，含气率导数曲线表现出单峰特征；非均质条件下，含气率导数曲线表现为三峰的特征。

（2）图中出现三个峰值，其中第1个峰受优势通道的流动能力影响，代表注入气到达井底，含气率迅速上升的过程；第2个峰和第3个峰受优势通道周围储层的流动能力影响。

（3）井间非均质性强度影响波峰出现时间的早晚以及峰值的大小，连通性越好，第1个峰的峰值越大，出现的时间越早。

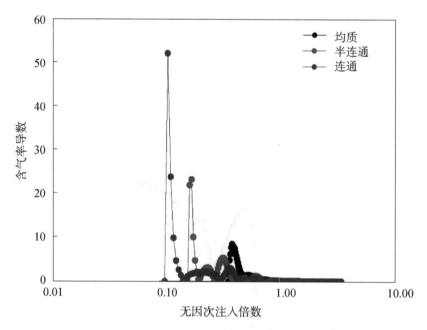

图5-27　三种条件下含气率导数曲线对比

通过对含气率导数曲线特征的分析，根据峰的个数以及峰值的大小可以简便地对注采井之间的连通性进行评价，增强对油藏非均质性的认识。

第五节 应用实例

一、注入开发阶段划分实例

通过某油田 INJ-28、INJ-11、INJ-21、INJ-112 及 INJ-111 共 5 口注气井的注入压力数据来划分注入开发阶段。由于早期压力数据测试时间短，井储续流效应影响严重，且对应的探测范围小，导致没有达到径向流或拟稳态流，因此对压力数据进行反褶积处理。压力反褶积方法不仅可以用来消除变流量效应的影响，降低日注气量对注气井压力的影响，减少压力导数特征曲线判断的不确定性，提高分析的准确度与可信度。INJ-28、INJ-11、INJ-21、INJ-112、INJ-111 注气井的压力导数特征曲线如图 5-28 至图 5-32 所示。

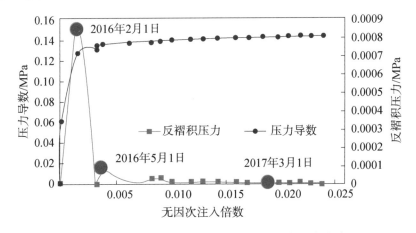

图 5-28　INJ-28 压力导数特征曲线特征点判断

从图 5-28 中可以看出，INJ-28 井形成驱替机制的时间为 2016 年 2 月 1 日，注气井注入的气开始对产油井提供产能；见气时间为 2016 年 5 月 1 日，此时注入气突破到生产井底；形成最大波及体积时间为 2017 年 3 月 1 日，此时注气开发效果达到最佳。

从图 5-29 中可以看出，INJ-11 井形成驱替机制的时间为 2016 年 2 月 1 日，注气井注入的气开始对产油井提供产能；见气时间为 2016 年 5 月 1 日，此时注入气突破到生产井底；形成最大波及体积时间为 2017 年 7 月 1 日，此时注气开发效果达到最佳。

从图 5-30 中可以看出，INJ-21 井形成驱替机制的时间为 2016 年 1 月 1 日，注气井注入的气开始对产油井提供产能；见气时间为 2016 年 3 月 1 日，此时注入气突破到生产井底；形成最大波及体积时间为 2017 年 1 月 1 日，此时注气开发效果达到最佳。

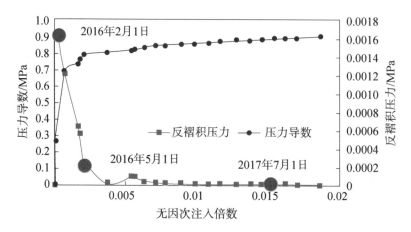

图 5-29 INJ-11 压力导数特征曲线特征点判断

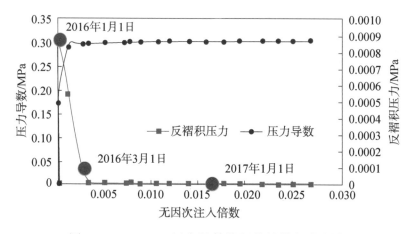

图 5-30 INJ-21 压力导数特征曲线特征点判断

图 5-31 INJ-112 压力导数特征曲线特征点判断

从图 5-31 中可以看出，INJ-112 井形成驱替机制的时间为 2016 年 6 月 1 日，注气井注入的气开始对产油井提供产能；见气时间为 2016 年 8 月 1 日，此时注入气突破到生产井底；形成最大波及体积时间为 2017 年 8 月 1 日，此时注气开发效果达到最佳。

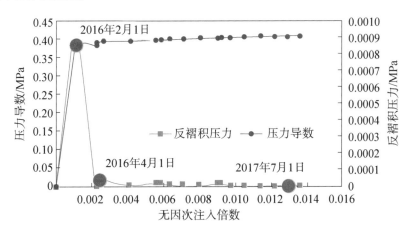

图 5-32　INJ-111 压力导数特征曲线特征点判断

从图 5-32 中可以看出，INJ-111 井形成驱替机制的时间为 2016 年 2 月 1日，注气井注入的气开始对产油井提供产能；见气时间为 2016 年 4 月 1 日，此时注入气突破到生产井底；形成最大波及体积时间为 2017 年 7 月 1 日，此时注气开发效果达到最佳。

二、注气受效方向分析实例

采用实际开发数据，利用已建方法，可以计算出不同注入时期注入井与周围油井之间的权重系数。对示范区 5 个注气井组进行分析，计算出生产井和注气井之间的受效关系，如图 5-33 所示。

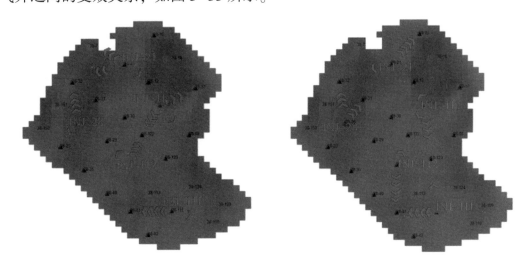

图 5-33　不同注气阶段(2018 年、2019 年)井间受效情况

从图 5-33 可以看出，注气开发过程中，注入气流动方向除了受储层非均质性影响，还受到周围采油井的工作制度影响。根据上文所述方法，可以计算不同注入阶段、不同工作制度下注入气的流动方向。以 INJ-111 井为例，2018 年注入气流动方向为西向，此时西向储层物性较好，注入气优先流动。2019 年后，部分注入气开始向东向流动，这是由于西向受效井气窜控制产液量，导致憋压，迫使注入气向东向流动。其他注入气井也表现为同样的特征，即早期流动方向受物性控制，后期受压力场控制。

三、井间连通能力评价实例

生产井 PRO-110 井和 PRO-123 井为见气井，利用上文所述方法来确定 PRO-110 井及 PRO-123 井与周围注气井的井间连通能力。PRO-110 井及 PRO-123 井含气率导数曲线如图 5-34 和图 5-35 所示。

从图 5-34 可以看出，PRO-110 井的含气率导数出现了 2 个峰以及正在形成的第 3 个峰，第一个峰的峰值在 12 左右，说明注入气到达 PRO-110 井后，含气率上升较慢，注采井之间存在一定的连通性，但连通性较弱。从图 5-35 可以看出，PRO-123 井的含气率导数出现了两个峰，第一个峰的峰值在 60 左右，说明注入气到达 PRO-123 井后，含气率上升快，注采井之间的连通性强。

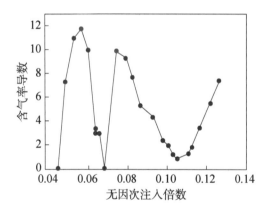

图 5-34　PRO-110 井含气率导数曲线

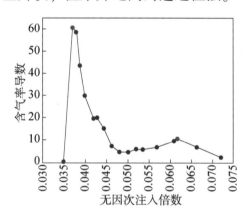

图 5-35　PRO-123 井含气率导数曲线

第六章　不同类型碳酸盐岩油藏注气开发技术政策

哈萨克斯坦滨里海盆地发育着不同类型石炭系碳酸盐岩油藏，如 KSG 油田为异常高压碳酸盐岩油藏，地层压力系数为 1.8，原始地层压力为 77.7MPa，目前处于开发初期；D 油田为正常压力系统碳酸盐岩油藏，原始地层压力为 36.23MPa，饱和压力为 29.01MPa，处于开发中期，目前地层压力为 21.0MPa。由于目前地层压力状况不同和注气开发实现的混相状态不同，分别建立了异常高压碳酸盐岩油藏及低压力保持水平碳酸盐岩油藏注气开发技术政策。

第一节　异常高压碳酸盐岩油藏注气开发技术政策

位于哈萨克斯坦滨里海盆地的 KSG 油田为异常高压碳酸盐岩油藏，地层压力系数为 1.8，原始地层压力为 77.7MPa，饱和压力为 28MPa，溶解气中 H_2S 含量为 17.8%，CO_2 含量为 5.1%。KSG 油田目前处于开发初期，天然气处理能力不足，制约油田上产，亟须制定合理的高含酸性伴生气直接回注混相驱油开发技术政策。针对 KSG 油田台内及台缘不同类型储层，基于油藏数值模拟方法，确定异常高压碳酸盐岩油藏伴生气回注开发技术政策，支撑 KSG 油田实施酸性伴生气直接回注开发。

一、油田地质油藏特征

KSG 油田位于里海东北部水域（水深 2~10m），构造上位于滨里海盆地南缘，目的层为盐下石炭系碳酸盐岩，油层埋深为 3930~5880m。KSG 油田为大型孤立碳酸盐岩台地，构造呈岩隆状，圈闭面积为 1133km²，含油面积为 832km²（图 6-1）。主要分为台缘和台内两个部分。台内较平坦，边缘为较窄的凸起带，较台内高出 200m 以上。KSG 油田隔夹层不发育，为具有统一油水界面（-4570m）的异常高压带边底水块状碳酸盐岩油藏（图 6-2）。

KSG 油田为中低孔隙度、低渗透层，孔隙度为 3.3%~8.4%，渗透率为 1.3~33.9mD。KSG 油田原油为未饱和挥发性原油（物性及组成见表 6-1 和表 6-2），地饱压差高达 50MPa，具有低密度（地层原油密度 0.6089g/cm³）、低黏度(原油黏度0.21mPa·s)、高气油比(原始气油比513.6m³/m³)、高体积系数(原油体积系数2.173)、高含酸性气体(H_2S含量高达15%、CO_2含量达5%)的特点;地层水为氯化钙型,平均总矿化度为138000mg/L。

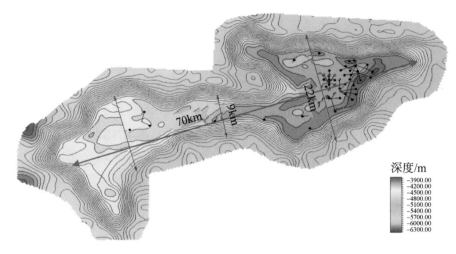

图6-1　KSG油田巴什基尔阶顶面构造图

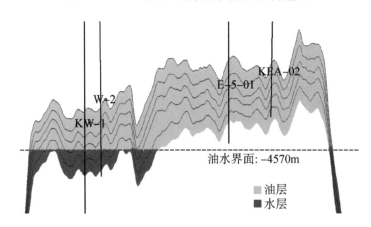

图6-2　KSG油田油藏剖面图

表6-1　KSG油田原油物性表

参　　数	数值	参　　数	数值
油藏温度(−4300m)/℃	100	压缩系数/($10^{-4}MPa^{-1}$)	32
地层压力(−4300m)/MPa	77.72	倾点/℃	−36~−9
地层原油密度/(g/cm³)	0.6089	临界结蜡温度/℃	46~49
地层原油黏度/(mPa·s)	0.21	石蜡含量/%	3.04
地面原油密度(20℃)/(g/cm³)	0.7992	硫含量/%	0.82
地层原油体积系数(多级分离)	2.173	硫醇含量/(g/m³)	640
饱和压力/MPa	28	树脂含量/%	1.06
原始气油比/(m³/m³)	513.6	沥青质含量/%	0.29

表 6-2　KSG 油田原油及溶解气组分

组分	标准条件单级分离		多级分离		地层原油/[%(摩尔分数)]
	溶解气/[%(摩尔分数)]	原油/[%(摩尔分数)]	溶解气/[%(摩尔分数)]	原油/[%(摩尔分数)]	
N_2 和 C_1	58.03	0.27	59.88	0.03	48.82
CO_2 和 C_2	13.59	0.32	13.99	0.40	11.48
H_2S	17.80	0.64	18.18	1.35	15.07
C_3—C_4	8.04	1.82	6.80	8.15	7.05
C_5—C_8	2.51	29.54	1.06	32.17	6.81
C_9—C_{14}	0.03	39.90	0.08	34.18	6.38
C_{15}—C_{30}	0.00	25.05	0.00	21.59	3.99
C_{30+}	0.00	2.46	0.00	2.12	0.39
合计	100.00	100.00	100.00	100.00	100.00
摩尔质量/(g/mol)	26.60		25.32		

二、异常高压碳酸盐岩油藏注气开发合理注采比及采油速度图版

影响注气开发效果的地质因素有基质水平和垂向渗透率、裂缝与基质渗透率比、地层倾角、储层有效厚度、裂缝体积密度等。其中基质水平和垂向渗透率、地层倾角、储层有效厚度主要反映了基质储层物性特征；裂缝与基质渗透率比、裂缝体积密度反映了裂缝特征。为了在注气开发技术政策图版中充分反应基质储层物性和裂缝特征，分别建立了表征基质储层物性和井网特征的无因次系数 f_1、表征裂缝特征参数的无因次系数 f_2：

$$f_1 = \frac{L \times \cos\theta}{h} \times \frac{K_v}{K_h} \qquad (6-1)$$

$$f_2 = \frac{K_f}{K_m} \times \omega \qquad (6-2)$$

式中　f_1——储层井网特征参数；

　　　f_2——裂缝特征参数，m^{-1}；

　　　L——井距，m；

　　　θ——地层倾角，(°)；

　　　h——有效厚度，m；

ω——裂缝体积密度，m^2/m^3；

K_v——垂直渗透率，mD；

K_h——水平渗透率，mD；

K_f——裂缝渗透率，mD；

K_m——基质渗透率，mD。

为了建立注采比及采油速度等开发参数与f_1和f_2两个无因次系数的合理匹配关系，将反映这两个无因次系数的井距、地层倾角、储层有效厚度、裂缝体积密度、基质垂向与水平渗透率比、裂缝与基质渗透率比等6个参数设置3~5个水平，采用正交变换方法，共设计1125组方案，并通过计算获得了每组方案对应的f_1和f_2无因次系数(表6-3)。建立异常高压油藏数值模拟机理模型，通过调整模型中的井距、地层倾角、储层有效厚度、裂缝体积密度、基质垂向与水平渗透率比、裂缝与基质渗透率比等6个参数，组建了与正交设计相对应的1125组数值模拟机理模型。通过数值模拟研究分别确定了各组方案对应的合理注采比、采油速度，从而建立了异常高压油藏基于f_1和f_2无因次系数的注气开发合理主采比及采油速度图版(图6-3和图6-4)。利用图版即可确定异常高压碳酸盐岩油藏注气开发时的合理注采比和采油速度。

表6-3　正交变换基础参数表

序号	井距/m	地层倾角/(°)	有效厚度/m	裂缝体积密度/(m^2/m^3)	K_v/K_h	K_f/K_m
1	300	0	10	0.05	0.05	10
2	600	10	20	0.20	0.10	30
3	900	20	30	0.15	0.15	50
4	1200		40		0.20	70
5	1500		50		0.25	90

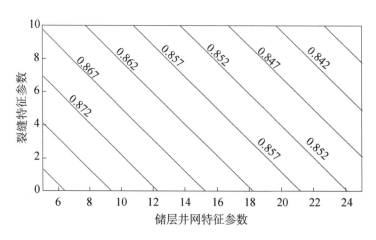

图6-3　异常高压油藏注气开发合理注采比图版

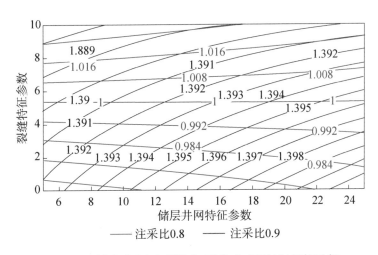

图 6-4　异常高压油藏注气开发合理采油速度图版

异常高压油藏技术图版适应于混相驱替油藏，即地层压力高于混相压力，注采比小于 1 时即可达到最佳开发效果。随着裂缝渗透率及裂缝密度的增加，注采比呈现降低趋势，可降低气窜对气驱波及系数的影响。

三、异常高压碳酸盐岩油藏注气开发参数优化

对于注水难以建立有效驱动体系的低渗透油藏，注气是提高其开发效果的一种有效方法。在注气开发过程中，气窜对开发效果的影响很大。由于气体的黏度与原油黏度之间具有很大的差异，较大的流度比导致了气体过早突破，波及系数较小，对注气开发非常不利。如何推迟气体的突破时间以及增大气体的波及系数，是注气开发面临的重要问题之一。改变注入方式能够有效防止气窜，常见的注气方式包括连续注气、间歇注气、水气交替注入、单井吞吐及重力稳定驱替等。由于地质特征、油藏特征及气源问题等的差异，不同油藏的最佳注入方式不同。

由于 KSG 油田储层具有强水敏性，为防止发生水敏效应，在开发过程中不考虑水气交替注入。同时，KSG 油田储层倾角较小，不考虑重力稳定驱替。因此，KSG 油田主要考虑连续注气、间歇注气和单井吞吐三种注气方式。由于 KSG 油田台内、台缘储层差异较大，台缘裂缝较为发育，台内裂缝发育程度较低，为此，需针对台内及台缘储层，基于 KSG 油田实际油藏数值模拟模型，围绕连续注气、间歇注气和单井吞吐三种注气方式分别进行参数优化，进而优选出台内及台缘储层的最佳注气方式以及注气方案。

在台内储层内截取一典型井组，建立该井组数模模型（图 6-5），该模型采用单重介质模型，网格数为 $15 \times 15 \times 52 = 11700$，网格尺寸为 $D_X = D_Y = 235\text{m}$，

$D_Z = 10$m。该井组模型的平均渗透率为 2.872mD，平均孔隙度为 8%。在台缘储层内截取一典型井组，建立该井组数模模型(图 6-6)，该模型采用双重介质模型，网格数为 $19 \times 19 \times 104 = 37544$，网格尺寸为 $D_X = D_Y = 235$m，$D_Z = 10$m。该井组模型的基质的平均渗透率为 3.26mD，平均孔隙度为 8.3%；裂缝的平均渗透率为 397.6mD，平均孔隙度为 1.8%。KSG 油藏各区处于同一水动力系统，原油性质相近，因此台内井组模型和台缘井组模型的流体模型均采用九拟组分(H_2S、CO_2、N_2+C_1、C_2、C_3—C_4、C_5—C_6、C_7—C_{10}、C_{11}—C_{19}、C_{20+})。

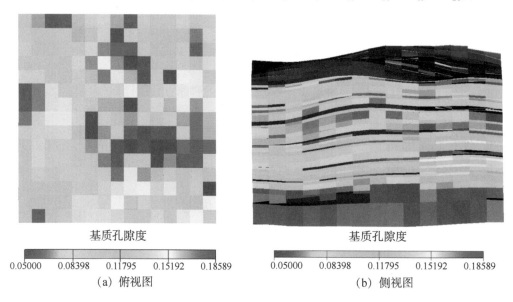

图 6-5 台内储层单重介质井组模型

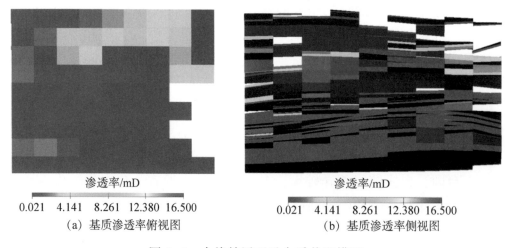

图 6-6 台缘储层双重介质井组模型

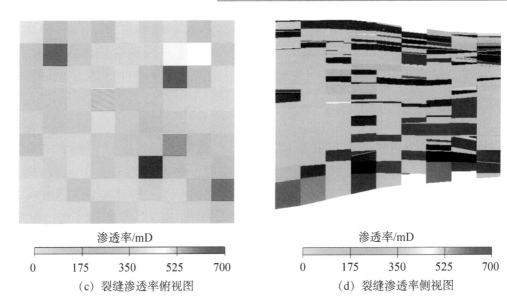

（c）裂缝渗透率俯视图　　　　　　　　（d）裂缝渗透率侧视图

图6-6　台缘储层双重介质井组模型（续）

1. 台内储层注气开发参数优化

1）连续注气参数优化

（1）合理回注比。

分别建立5点、反7点和反9点井网油藏数值模拟模型，开展合理回注比（即注气量与生产井产气量的比值）分析。从图6-7可以看出，对于5点井

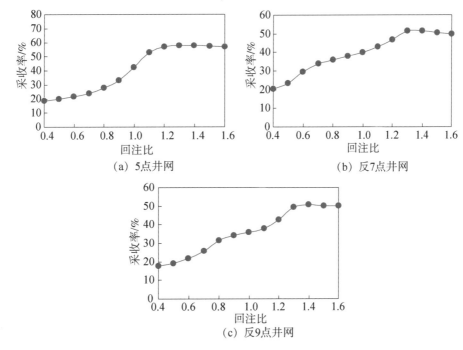

（a）5点井网　　　　　　　　　（b）反7点井网

（c）反9点井网

图6-7　不同井网合理回注比对采收率的影响规律

网，当回注比小于1.2时，随着回注比增加，采收率逐渐上升，当回注比超过1.2时，由于发生气窜，采收率出现拐点。因此5点井网的合理回注比为1.1~1.3。同理，反7点井网的合理回注比为1.2~1.4，反9点井网的合理回注比为1.2~1.4。

（2）合理注采井距。

不同注采井距对采收率的影响规律如图6-8所示，5点井网随着井距的增加，采收率出现下降趋势。这是因为井距较小时，波及系数较大，采收率较高，当井距变大时，波及系数变小，采收率出现下降趋势。当井距超过1400m时，采收率出现拐点，因此5点井网的合理注采井距为1400m。同理，反7点井网的合理注采井距为1600m，反9点井网的合理注采井距为1600m。

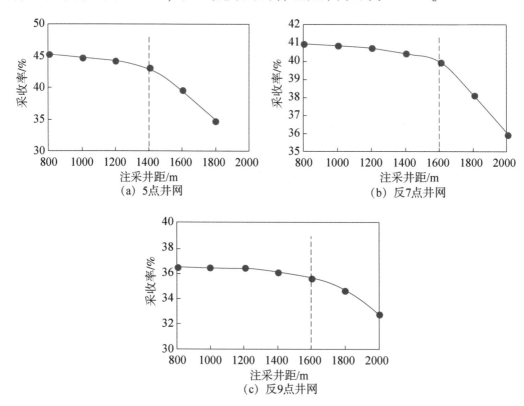

图6-8　不同注采井距对采收率的影响规律

（3）合理注采井网。

不同注采井网对采收率的影响如图6-9所示，5点井网的采收率最高（43.1%），其次为反7点井网（40.0%），而反9点井网最差（36.1%）。造成此差异的主要原因是5点井网的采油井与注气井井数比较小，压力衰竭较慢，采收率较高。因此，台内储层的合理注采井网为5点井网。

综上，台内储层在连续注气开发方式下的合理开发参数为注采井网为5点井网，井距为 1400m，回注比为 1.1~1.3。

2）间歇注气参数优化

由于地层中气体的黏度和密度远低
于原油和水，注入的气体容易发生黏性
指进，造成气窜，使得气体波及系数减
小，驱油效果变差。间歇注气可以有效
改善流度比，延缓气体突破时间，减缓
气窜的发生，扩大波及面积，提高驱油

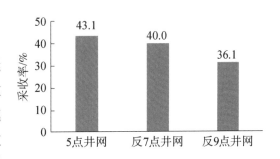

图 6-9　不同注采井网对采收率的影响

效果。间歇注气即向地层中注入气体一段时间后停止注入，停注期间，注入的
气体充分发挥溶解膨胀降黏作用，改善了原油物性，待气体充分溶解后再开井
恢复注入，如此往复。通过间歇注气，会使局部高渗透区和局部低渗透区之间
形成压力扰动与交互渗流，使地层流体不断重新分布，从而启动低渗透区原油，
扩大气体的波及体积，减缓黏性指进。注气速度过大，会导致过早出现气体突
破；注气速度过小，地层压力会迅速降低，驱油效果不明显。间歇比为注入时
间和停注时间的比例，间歇比会影响不稳定压力场的分布。

基于以上对间歇注气开采效果主要因素的分析，对间歇比、注气时间和停
注时间三个参数开展优化研究。

（1）间歇比。

间歇比对采收率的影响如图 6-10 所示，随着间歇比的增加，采收率逐渐增
加，间歇比为 2:1 时采收率最大；当间歇比从 3:2 增加到 2:1 时，采收率的
增长幅度变缓。图 6-11 是采收率随着地层压力下降的变化曲线，从图中可以看
出间歇比为 2:1 时地层压力衰竭较慢。

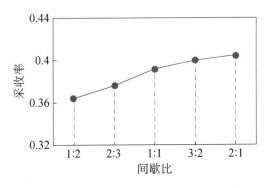

图 6-10　不同间歇比下原油的采收率

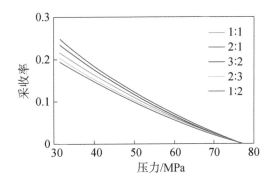

图 6-11　不同间歇比下采收率随
地层压力的变化曲线

综上，合理的间歇比为 2∶1，此时注气强度较大，地层压力衰竭较慢，驱油效果较好。

（2）注气时间。

注气时间的长短会影响间歇注气的开发效果。同一间歇比下，不同注气时间对采收率的影响如图 6-12 所示。从图中可以看出，随着注气时间的增加，采收率呈逐渐降低趋势。同时，考虑注气设备的有效使用，注气时间不宜太短。因此，确定合理的注气时间为 20 天。

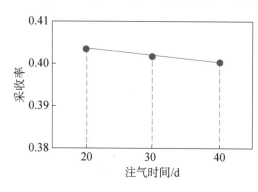

图 6-12 采收率随注气时间的变化曲线

综上，台内储层在间歇注气方式下的合理开发参数为注气间歇比为 2∶1，注气时间为 20 天，停注时间为 10 天。

3）单井吞吐参数优化

单井吞吐是将气体注入地层中，关井浸泡一段时间，使注入气体和原油充分接触并溶解，降低原油黏度，使原油体积膨胀，改善原油物性，然后开井生产，将原油从地层中采出。

在注气阶段，向地层中注入大量气体，补充地层能量，注气时间的长短影响地层能量的恢复水平。注气时间过短，注气量不足，地层压力恢复水平较低；注气时间过长，气体向地层深部流动。气体在注入油藏后需要一定的时间进行分子扩散传质作用，才能溶于原油起到膨胀及降黏作用，因此在注完气体后需要关井一段时间以保证气体的吞吐效果。关井时间过短则可能会因注入的气体不能与原油充分接触而影响吞吐效果，关井时间过长则可能会因注入的气体扩散到油层深部和边界，降低了油井周围地层气体弹性驱动能量和近混相条件，影响油井的产量。

基于以上对影响单井吞吐开采效果主要因素的分析，针对台内储层单井吞吐进行了注气时间、焖井时间、生产时间和吞吐轮次等 4 个参数的优化。

（1）生产时间和注气时间。

采收率随注入时间与生产时间比值的变化曲线如图 6-13 所示，随着注入时间和生产时间的比值逐渐增加，采收率也随之增大，当注入时间和生产时间的比值为 1∶1 时，采收率达到最大；当注入时间和生产时间的比值大于 1∶1 时，当注入时间与生产时间的比值增大时，采收率呈下降趋势。因此，生产时间和注入时间的最佳比值为 1∶1。在确定了生产时间和注入时间的最佳比值的基础上，分析注入时间对采收率的影响，由图 6-14 可以看出，采收率随注入时间呈先增加后减小的变化规律，当注入时间为 30 天时，采收率出现极大值。综上，合理的注气时间为 30 天，合理的生产时间为 30 天。

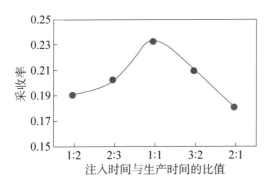

图 6-13　采收率随注入时间与生产
时间比值的变化曲线

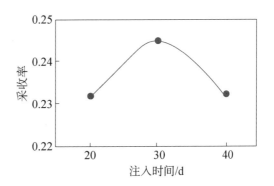

图 6-14　采收率随注入时间
的变化曲线

（2）焖井时间。

焖井时间对采收率的影响如图 6-15 所示，随着焖井时间的增加，采收率呈增加趋势。当焖井时间增加至 30 天后，采收率的增幅变缓。因此，最优的焖井时间为 30 天。

（3）吞吐轮次。

单井吞吐注气开发，井底附近的原油不断被采出，随着吞吐轮次的增加，生产井附近残余油饱和度逐渐降低，继续进行单井吞吐，将不再具有经济性。采收率随吞吐轮次的变化曲线如图 6-16 所示，当吞吐轮次为 50 次时，采收率出现拐点，继续增加吞吐轮次，采收率增幅不大。因此，最佳吞吐轮次为 50 次。

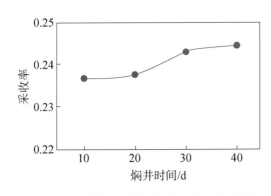

图 6-15　采收率随焖井时间的变化曲线

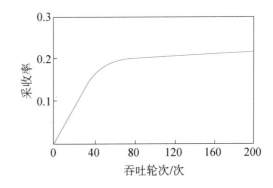

图 6-16　采收率随吞吐轮次的变化曲线

综上，台内储层在吞吐方式下的合理开发参数为注入时间为 30 天，焖井时间为 30 天，生产时间为 30 天，最高吞吐轮次为 50 次。

4）台内注气方式优选

如图 6-17 和图 6-18 所示，当连续注气的注气强度较大时，可以长时间将地层压力维持在一个较高的水平，减缓地层能量的衰减，从而提高采收率，比间歇注气的采收率高6%。因此，台内储层的最优注气方式为连续注气。

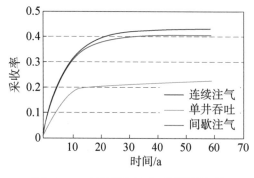

图6-17　不同注气方式下原油采收率随时间变化的曲线

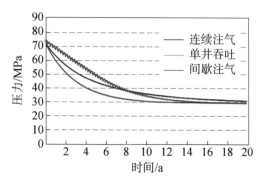

图6-18　不同注气方式下地层压力随时间变化的曲线

2. 台缘储层注气参数优化

1）连续注气参数优化

（1）合理回注比例。

基于KSG油田实际油藏数值模拟模型，分别建立5点井网、反7点井网和反9点井网，开展合理回注比分析。从图6-19可以看出，5点井网的最优回注比为0.9~1.1，反七点井网的最优回注比为0.9，反九点井网的最优回注比为0.8。

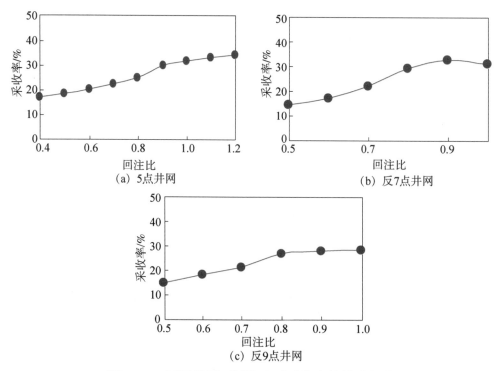

图6-19　不同井网下回注比对采收率的影响规律

（2）合理注采井距。

不同注采井距对采收率的影响规律如图 6-20 所示，5 点井网井距超过 1700m 时，采收率出现拐点，因此最优注采井距为 1700m。同理，反 7 点井网和反 9 点井网的合理注采井距分别为 1700 和 1900m。

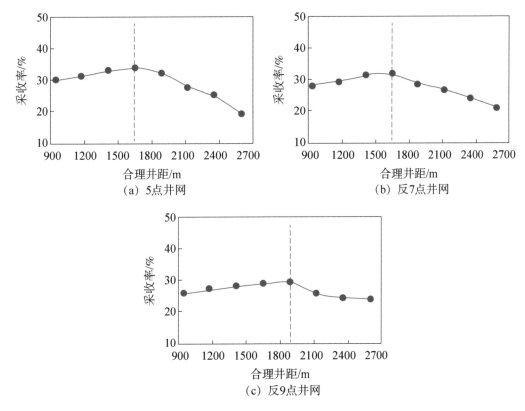

图 6-20　不同注采井距对采收率的影响规律

（3）合理注采井网。

不同注采井网对采收率的影响如图 6-21 所示，5 点井网的采收率最高（34.7%），其次为 7 点井网（32.6%），反 9 点井网最差（29.6%）。因此，台缘储层的合理注采井网为 5 点井网。

综上，台缘储层在连续注气开发方式下的合理开发参数为注采井网为 5 点井网，井距为 1700m，回注比为 0.9~1.1。

2）间歇注气参数优化

针对台缘储层间歇注气方式，对间歇比、注气时间和停注时间 3 个参数开展优化。

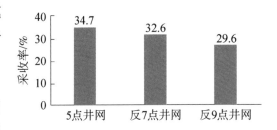

图 6-21　不同注采井网对采收率的影响

（1）间歇比。

间歇比对采收率的影响如图6-22所示，随着间歇比的增加，采收率呈现先增加后减少的变化趋势，当间歇比为1∶1时采收率最大。因此，合理的间歇比为1∶1。

（2）注气时间。

同一间歇比下，不同注气时间对采收率的影响如图6-23所示，随着注气时间的增加，采收率呈逐渐增加趋势。这主要是因为台缘裂缝发育，储层连通性较好，关井时间较长，使地层压力有所恢复，采收率增加。注气时间为30天时，采收率上升幅度变缓，因此，最优的注气时间为30天。

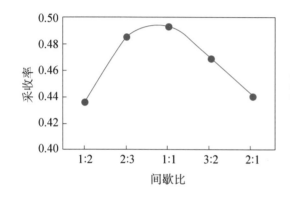 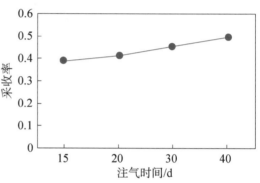

图6-22　不同间歇比下原油的采收率　　图6-23　采收率随注气时间的变化曲线

综上，台缘储层单井吞吐的合理开发参数为注气间歇比为1∶1，一个周期内合理注气时间为30天，合理停注时间为30天。

3）单井吞吐参数优化

（1）生产时间和注气时间比值。

采收率随注入时间和生产时间比值的变化曲线如图6-24所示，随着注入时间和生产时间比值逐渐增加，采收率也随之增大，当注入时间和生产时间比值为1∶1时，采收率达到最大；当注入时间和生产时间比值大于1∶1时，注入时间与生产时间比值继续增加时，采收率呈下降趋势。因此，生产时间和注入时间的最佳比例为1∶1。

在此基础上，分析注入时间对采收率的影响，从图6-25可以看出，采收率随注入时间呈逐渐减小的趋势，当注入时间为20天时，采收率最大。因此，合理的注气时间为20天，合理的生产时间为20天。

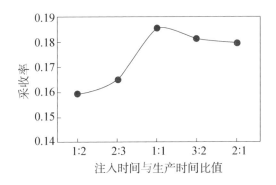

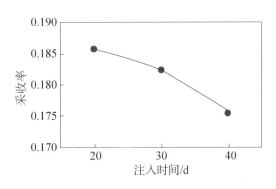

图 6-24　采收率随注入时间与
　　生产时间比值的变化曲线

图 6-25　采收率随注入时间的变化曲线

（2）焖井时间。

焖井时间对采收率的影响如图 6-26 所示，随焖井时间的增加，采收率呈先增加后降低趋势，最优的焖井时间为 20 天。

（3）吞吐轮次。

从图 6-27 可以看出，当吞吐轮次为 30 次时，采收率出现拐点，增加吞吐轮次，采收率增幅变缓。因此，最优吞吐轮次为 30 次。

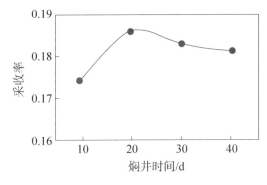

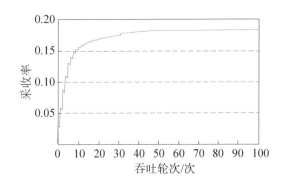

图 6-26　采收率随焖井
　　时间的变化曲线

图 6-27　采收率随吞吐轮次
　　的变化曲线

综上，台缘储层单井吞吐的合理开发参数为吞吐比例为 1：1，注气时间为 20 天，最高吞吐轮次为 30 天。

4）台缘注气方式优选

从图 6-28 和图 6-29 可以看出。间歇注气时地层压力下降较小量，采收率最高，与连续注气相比，间歇注气方式有效推迟了注入气的气窜时间，采收率提高了 9 个百分点。因此，台缘储层最优的注气方式为间歇注气。

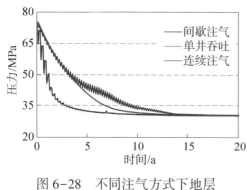

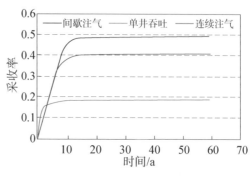

<table>
</table>

图 6-28　不同注气方式下地层
压力随时间变化的曲线

图 6-29　不同注气方式下原油
采收率随时间变化的曲线

四、异常高压碳酸盐岩油藏注气开发效果预测与评价

通过以上分析可知，KSG 油田台内和台缘由于储层物性不同，最优开发方式也不同。台内储层裂缝发育程度低，气窜现象并不强，连续注气为最优的开发方式；台缘储层裂缝发育程度高，平均裂缝渗透率达 378mD 左右，气窜现象严重，最优开发方式为间歇注气。本节将根据上一节优化得到的最优开发方式及开发参数，并结合地面设施及外输管线等相关生产条件，评价 KSG 油田台内和台缘储层注气混相驱的开发潜力。

1. 台内储层连续注气开发效果预测与评价

台内采用连续注气开发方式进行开发，开发指标见表 6-4 和图 6-30。可以看出，初期产能较大，导致初期地层压力下降较快，到第 7 年的时候，地层压力就从 77MPa 下降到了 42MPa，后期产量急剧下降，地层压力下降趋势也逐渐变缓。当生产年限达到 24 年时，此时采收率为 41%，而当生产年限达到 57 年时，采收率为 43%，23 年时间内，采收率只增加了两个百分点，说明后期产能较弱。

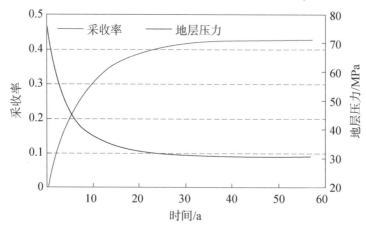

图 6-30　KSG 油田台内储层采收率与地层压力随时间变化曲线

从气油比的增长趋势可以看出，由于台内裂缝发育程度较低，非均质性较弱，窜流现象较弱，整个储层的气油比上升趋势比较缓慢，没有形成强气窜的现象。台内油藏生产 57 年后，气油比为 877m³/m³，与油藏的原始气油比（600m³/m³）相比，净增加幅度为 277m³/m³，增长幅度为 46.2%，说明气窜现象不严重。

表6-4　KSG 油田台内储层连续注气开发效果预测

时间/a	地层压力/MPa	生产气油比/（m³/m³）	日产气量/（10⁴m³）	累计产气量/（10⁴m³）	日产油量/m³	累计产油量/（10⁴m³）	日注气量/（10⁴m³）	累计注气量/（10⁴m³）	采收率
7	42	543	549	1841488	10114	4558	553	1801012	0.26
10	38	590	443	2284106	7505	5338	446	2246816	0.30
12	36	625	362	2643258	5782	5929	364	2608409	0.33
15	35	657	275	2928285	4190	6373	278	2895974	0.36
17	34	683	210	3144074	3071	6695	212	3113731	0.37
20	33	705	162	3309443	2294	6933	163	3280544	0.39
22	32	723	126	3437429	1738	7112	127	3409611	0.40
24	32	739	98	3537255	1331	7249	99	3510256	0.41
27	32	754	77	3615620	1027	7354	78	3589248	0.41
29	32	768	61	3677479	798	7435	62	3651592	0.42
32	31	782	49	3726554	623	7499	49	3701044	0.42
34	31	822	29	3760331	349	7541	29	3735422	0.42
37	31	837	24	3784081	292	7569	25	3759299	0.42
39	31	852	21	3804390	245	7593	21	3779714	0.42
42	31	838	14	3825331	166	7618	14	3798511	0.43
44	31	851	11	3836333	132	7631	11	3809591	0.43
47	31	795	6	3843810	79	7640	6	3817218	0.43
49	31	819	6	3849204	70	7646	6	3822628	0.43
52	31	838	5	3854121	62	7652	5	3827561	0.43
54	31	858	5	3858588	55	7658	5	3832042	0.43
57	31	877	4	3862643	49	7662	4	3836110	0.43

2. 台缘储层间歇注气开发效果预测与评价

台缘采用间歇注气开发方式进行开发，开发指标见表6-5 和图6-31。可以看出，由于台缘裂缝较为发育，非均质性较强，窜流现象特别严重，整个储层的气油比上升特别剧烈，形成强烈的气窜现象；台内油藏生产 33 年后，最终气

油比为 $3867m^3/m^3$，与油藏的原始气油比相比，净增加 $3267m^3/m^3$，增长幅度为 500%，说明气窜现象特别严重，导致后期气驱效果较差。

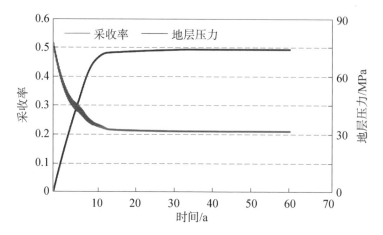

图6-31 卡沙甘台缘油藏采收率与地层压力随时间变化示意图

表6-5 KSG 油田台缘储层间歇注气开发效果预测

时间/ a	地层压力/ MPa	生产气油比/ （m³/m³）	日产气量/ （10⁴m³）	累计产气量/ （10⁴m³）	日产油量/ m³	累计产油量/ （10⁴m³）	日注气量/ （10⁴m³）	累计注气量/ （10⁴m³）	采收率
4	49	1472	736	572999	5000	670	1469	580832	0.20
5	45	1489	744	924327	5000	895	1979	942962	0.25
6	45	2138	1069	1365354	5000	1120	2131	1440673	0.31
7	40	2004	931	1800886	4647	1344	1845	1860361	0.36
9	38	2031	841	2214677	4142	1544	1198	2283964	0.41
10	36	2754	783	2550927	2843	1689	1546	2625416	0.44
11	34	2556	415	2774597	1622	1780	826	2836765	0.46
12	34	3236	446	2963378	1377	1843	877	3033760	0.47
14	33	2632	31	3075575	119	1876	62	3131967	0.48
15	32	3048	33	3090176	108	1881	64	3146062	0.48
16	32	3123	35	3105371	113	1886	70	3162114	0.48
17	32	3096	33	3120573	105	1891	65	3176135	0.48
18	32	3206	33	3135616	104	1895	63	3191344	0.49
20	32	3332	33	3150296	99	1900	66	3206204	0.49
21	32	3370	30	3164654	89	1904	64	3219479	0.49
22	32	3507	32	3178575	91	1908	58	3234167	0.49
23	32	3531	29	3191995	83	1912	58	3247137	0.49
25	32	3559	28	3204997	78	1916	53	3259734	0.49

续表

时间/a	地层压力/MPa	生产气油比/(m³/m³)	日产气量/(10⁴m³)	累计产气量/(10⁴m³)	日产油量/m³	累计产油量/(10⁴m³)	日注气量/(10⁴m³)	累计注气量/(10⁴m³)	采收率
26	32	3658	29	3217503	78	1919	57	3272952	0.49
27	32	3627	25	3229574	69	1923	50	3284085	0.49
28	32	3704	26	3241241	69	1926	52	3295882	0.49
30	32	3762	25	3252409	67	1929	50	3307172	0.49
31	32	3746	22	3263214	60	1932	45	3317158	0.49
32	32	3850	23	3273610	61	1934	43	3328123	0.49
33	32	3867	22	3283606	56	1937	43	3337795	0.49

第二节　低压力保持水平碳酸盐岩油藏注气开发技术政策

位于哈萨克斯坦滨里海东缘的 D 油田为正常压力系统碳酸盐岩油藏，原始地层压力为 36.23MPa，饱和压力为 29.01MPa，处于开发中期，目前地层压力为 21.0MPa，已低于地层原油的饱和压力。受储层物性差影响，D 油田注水井憋压严重、吸水能力差，难见注水开发效果。为了改善 D 油田开发效果，亟需开展低压力保持水平碳酸盐岩油藏注气开发技术政策优化。

一、油田地质特征

D 油田位于滨里海东缘，产油层为石炭系碳酸盐岩储层，纵向上发育多个单油层。油田储层物性较差，为低孔隙度、低渗透油藏，储层在平面上和纵向上均具有较强的非均质性。D 油田为一个短轴背斜构造，一个北东向的短轴背斜，呈北东—南西向展布。构造主体以及北部、南部倾没端地层较为平缓，地层倾角约 1.6°，构造东、西两翼地层相对较陡，地层倾角约 17.9°，构造高点埋深为 -3320m，闭合线为 -3950m，闭合面积为 136.6km²，闭合幅度为 630m。构造比较完整，仅在构造西侧发育一条近乎直立、走向北东—南西的断层，断层延伸长度约为 2.3km，断距为 5~20m。

D 油田岩石主要为石灰岩和灰质白云岩，也有少量泥灰岩，石灰岩以生屑灰岩为主。孔隙度为 11.1%，渗透率为 37mD。根据测井解释结果，储层渗透率变异系数为 0.96，级差为 713.7，突进系数为 3.4，储层非均质性强。D 油田为具有层状特征的碳酸盐岩岩性—构造油藏，具有统一的油水界面(图 6-32)。油藏平均埋深 3600m，为正常温度和压力系统，原始地层压力为 36.23MPa，饱和压力为 29.01MPa，地层温度为 77.9℃，地层原油密度为 0.6774g/cm³，地层原油黏度为 0.34mPa·s，原始溶解气油比为 225.7m³/t，溶解气相对密度为 0.7389，硫化氢含量为 3.86%。

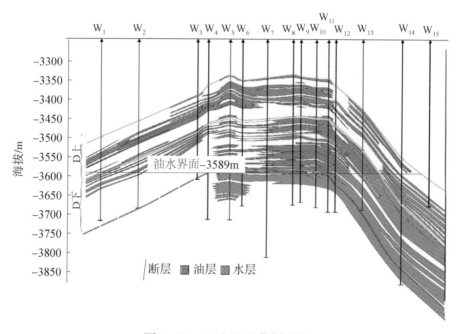

图 6-32　D 油田油藏剖面图

二、低压力保持水平碳酸盐岩油藏注气开发合理注采比及采油速度图版

利用以上所述方法，可得到低压力保持水平碳酸盐岩油藏注气开发合理注采比及采油速度图版（图 6-33 和图 6-34），利用图版即可确定低压力保持水平碳酸盐岩油藏注气开发时的合理注采比和采油速度。

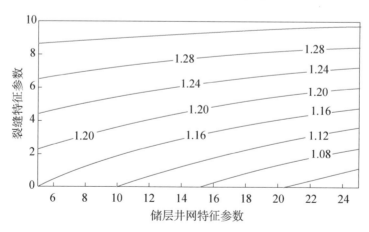

图 6-33　低压力保持水平油藏注气开发合理注采比图版

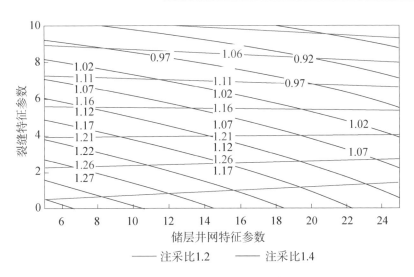

图 6-34　低压力保持水平油藏注气开发合理采油速度图版

低压力保持水平油藏注采比及采油速度图版适应近混相驱油藏，注采比大于 1 可以增加混相程度，提高开发效果。随着裂缝渗透率及裂缝密度的增加，注采比呈增加趋势，可以尽快恢复地层压力，提高驱油效率。

三、低压力保持水平碳酸盐岩油藏注气开发参数优化

围绕连续注气、间歇注气、单井吞吐和水气交替四种不同的注气方式，通过建立 D 油田油藏数值模拟模型，开展注气参数优化。本次采用 Eclipse 软件黑油模型 E100 进行注气开发模拟，研究区块是从整个 D 油田中截取的一个代表性的井组（图 6-35）。该研究区块数值模型网格为 60×50×54，总共 162000 个网格，研究区块面积为 9km²，整个区块内包括 25 口井，其中 16 口生产井和 9 口注水井。研究区块顶深为 3326m，底深为 3541m，油藏平均厚度为 200m。原始地层压力为 36.8MPa，地层温度为 76℃。研究区块的孔隙度为 6%～15.2%，平均孔隙度为 8.3%，渗透率为 1～20mD，平均渗透率为 11.3mD。

1. 连续注气开发方式参数优化

1）注气速度优化结果

注气井可承受最大的井口注气压力为 35MPa，生产井最大的生产气油比为 3500m³/m³。以固定的注气速度进行注气，注气速度分别设置为 $5×10^4m^3/d$、$10×10^4m^3/d$、$15×10^4m^3/d$、$20×10^4m^3/d$、$25×10^4m^3/d$、$30×10^4m^3/d$、$35×10^4m^3/d$、$40×10^4m^3/d$、$45×10^4m^3/d$、$50×10^4m^3/d$、$55×10^4m^3/d$、$60×10^4m^3/d$，得到生

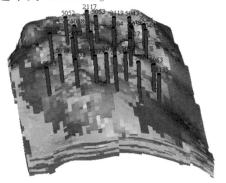

图 6-35　研究区块数模模型

产30年时采出程度随注气速度的变化规律(图6-36)。从图6-36可以看出,当注气速度为30×10⁴m³/d时,采出程度最大。因此,最优的注气速度为30×10⁴m³/d。

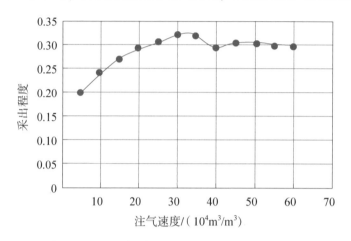

图6-36　不同注气速度下采出程度变化曲线

2)产液量优化

设置生产井为定产液量生产,产液量分别设置为150m³/d、200m³/d、250m³/d、300m³/d、350m³/d、400m³/d、450m³/d、500m³/d,将生产年限设置为30年,观察采出程度随产液量的变化规律(图6-37)。从图6-37可以看出,随产液量的增大,采出程度先逐渐增大后趋于平稳,当产液量达到350m³/d时,采出程度达到最优,之后产液量继续增大,采出程度增幅有限。因此,最优的产液量是350m³/d。

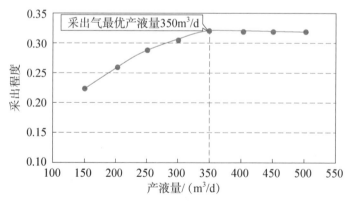

图6-37　不同产液量下注复合气的采出程度变化曲线

3)注气时机优化

注气时机的选择决定注入气是否可以有效补充地层压力,不同的注气时机会影响开发效果。选择地层压力在原始地层压力的基础上下降5%、10%、15%和20%以及注水阶段结束后立即注气等5个注气时机进行注气(图6-38)。

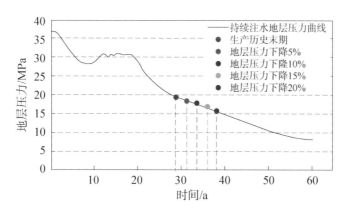

图 6-38　不同注入时机下地层压力数值

从不同注入时机下采出程度的变化曲线(图 6-39)可以看出，开发初期开始注气采出程度最高，为 32.02%；地层压力下降 20% 后进行注气，采出程度最低，为 26.35%；整体而言，注气时机越早，最终采出程度越高，随着注气时间的延迟，注气开发提高采收率程度逐渐降低。因此，最佳注气时机应选为开发初期注气开发。

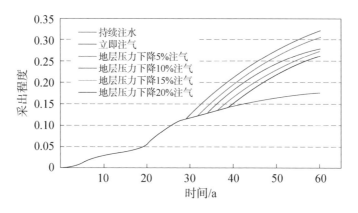

图 6-39　不同注入时机下采出程度的变化曲线

2. 间歇注气开发方式参数优化

1) 间歇注气时间优化

设定井口注气压力上限为 35MPa，生产井的生产气油比上限为 3500m³/m³。当产量不能稳定时转为定井底流压 12MPa 生产。为了研究不同注气时间对间歇注气效果的影响规律，设计了间歇比为 1:3、1:2、1:1、2:1、3:1 5 种不同间歇比下，注气时间分别为 1 个月、2 个月、3 个月、4 个月、5 个月、6 个月进行参数优化。

从间歇注气时采出程度随注气时间变化曲线(图 6-40)可知，在间歇比相同的条件下，注气时间越长，采出程度越高，但不同注气时间对注气效果影响不大，采出程度曲线随注气时间变化不明显。考虑现场实际情况，开发方式不宜频繁调整，注气时间不能过短，因此综合优选间歇注气的合理注气时间为 6 个月。

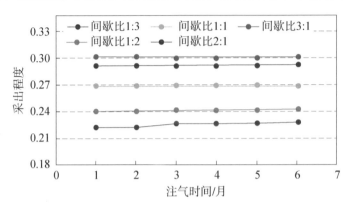

图 6-40　间歇注气时采出程度随注气时间变化曲线

2）间歇时间比例优化

将注气时间与停止注气时间的比例定义为间歇比。以注气时间 6 个月为基础，对间歇比进行优化。为研究间歇比对间歇注气效果的影响规律，设计了间歇比分别为 1∶3、1∶2、1∶1、2∶1、3∶1 5 个方案，结果如图 6-41 所示。

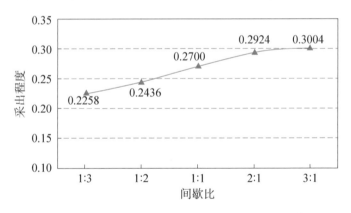

图 6-41　间歇注气时采出程度随间歇比变化曲线

从图 6-41 可知，间歇比对注气的效果影响很大，属于间歇注气敏感性参数。随着间歇比的不断增加，最终采出程度显著增加，但间歇比增加到一定程度后，采出程度增幅变缓。当间歇比为 3∶1 时出现拐点，因此，间歇注气优选的间歇比为 3∶1（注气时间为 6 个月，停注时间为 2 个月）。

3）间歇注气速度优化

设计 $5\times10^4\,m^3/d$、$10\times10^4\,m^3/d$、$15\times10^4\,m^3/d$、$20\times10^4\,m^3/d$、$25\times10^4\,m^3/d$、$30\times10^4\,m^3/d$、$35\times10^4\,m^3/d$、$40\times10^4\,m^3/d$、$45\times10^4\,m^3/d$、$50\times10^4\,m^3/d$ 10 种注气速度，研究不同注气速度对间歇注气效果的影响规律，结果如图 6-42 所示，随

着注气速度的增加，采出程度也随之增加，当注气速度达到 $40×10^4m^3/d$ 时，采出程度达到最大值，之后继续增大注气速度，采出程度出现下降。这是因为注气速度过大，导致部分生产井的生产气油比迅速升高而过早关井，最终采出程度下降。综合上述分析，间歇注气的最优注气速度为 $40×10^4m^3/d$。

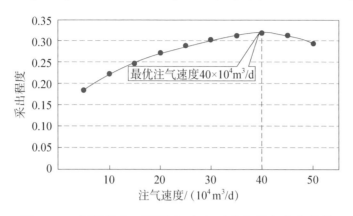

图 6-42 间歇注气不同注气速度下采出程度变化曲线

4）间歇注气产液量优化

设计分别以 $150m^3/d$、$200m^3/d$、$250m^3/d$、$300m^3/d$、$350m^3/d$、$400m^3/d$、$450m^3/d$、$500m^3/d$ 8 种产液量进行生产，研究不同产液量对间歇注气效果的影响规律，并对比 30 年后各方案的采出程度，结果如图 6-43 所示。

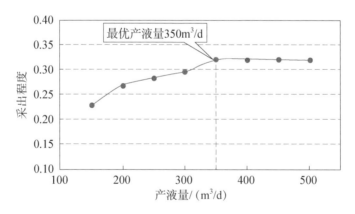

图 6-43 间歇注气不同产液量下采出程度变化曲线

从图 6-43 可以看出，随着产液量的增加，采出程度也随之增加，当产液量达到 $350m^3/d$ 时，采出程度曲线出现拐点，之后继续增大产液量，采出程度基本保持不变。因此，间歇注气的最优井组产液量为 $350m^3/d$。

3. 单井吞吐注气开发方式参数优化

1）吞吐注气时间优化

为研究注气时间对开发效果的影响，设计注气时间与生产时间的比值分别为 1 : 3、1 : 2、1 : 1、2 : 1、3 : 1，在这 5 种注气时间与生产时间比值的条件下，进一步设计吞吐注气时间分别为 1 个月、2 个月、3 个月、4 个月、5 个月、6 个月 6 种方案进行优化，结果如图 6-44 和图 6-45 所示。

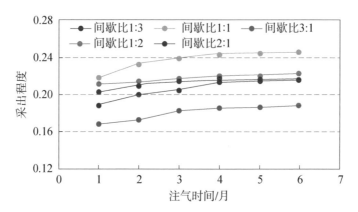

图 6-44　单井吞吐不同注入时间下的采出程度变化曲线

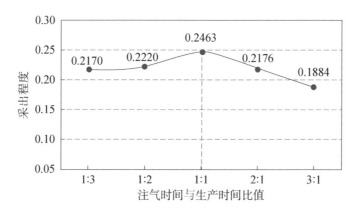

图 6-45　单井吞吐不同注入时间/生产时间下的采出程度变化曲线

从图 6-44 可知，保持一定注气时间与生产时间比值，随着注气时间的增加，采出程度增加，但当注气时间到达一定值后，采出程度增幅变缓。考虑现场实际情况，开发方式不能频繁调整，因此，优选的吞吐合理注气时间为 6 个月。

从图 6-45 可知，随着注气时间与生产时间比值的不断增加，采出程度随之增加，并在注气时间与生产时间比值为 1 : 1 时达到最大值，注气时间与生产时间比值继续增大，采出程度反而下降。这主要是因为一方面虽然地层能量得到充分补充，但生产时间还是相对较短，采出程度会较低；另一方面注入的气体较多，生产时气油比相对较高，导致部分井关井，造成采出程度下降。因此，单井吞吐最优注气时间与生产时间比值为 1 : 1。

2）吞吐焖井时间优化

为对比焖井时间对吞吐效果的影响，设计焖井时间分别为 5 天、10 天、15 天、20 天、25 天和 30 天 6 种方案，结果如图 6-46 所示。从图 6-46 可知，焖井时间对吞吐开发效果的影响不明显，考虑油田生产开发经济效益，焖井时间设为 10 天。

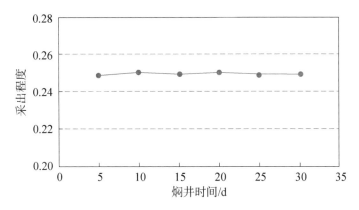

图 6-46　不同焖井时间下的采出程度变化曲线

3）吞吐注气速度优化

为研究注气速度对吞吐效果的影响，设计吞吐注气速度分别为 $5×10^4 m^3/d$、$10×10^4 m^3/d$、$15×10^4 m^3/d$、$20×10^4 m^3/d$、$25×10^4 m^3/d$、$30×10^4 m^3/d$、$35×10^4 m^3/d$、$40×10^4 m^3/d$、$45×10^4 m^3/d$、$50×10^4 m^3/d$ 10 种方案，结果如图 6-47 所示。从图 6-47 可以看出，随着注气速度的增加，采出程度也随之增加，当注气速度达到 $40×10^4 m^3/d$ 时，采出程度达到最大值，之后继续增大注气速度，采出程度出现下降。这是因为注气速度过大，导致部分生产井的生产气油比迅速升高，部分生产井过早关井，最终采出程度下降。因此，单井吞吐的最优注气速度为 $40×10^4 m^3/d$。

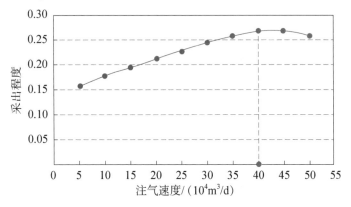

图 6-47　单井吞吐不同注气速度下采出程度变化曲线

4）吞吐产液量优化

为研究产液量对吞吐效果的影响，设计产液量分别为 150m³/d、200m³/d、250m³/d、300m³/d、350m³/d、400m³/d、450m³/d、500m³/d 8 种方案，模拟计算结果如图 6-48 所示。可以看出，随着产液量的增加，采出程度也随之增加，当产液量达到 350m³/d 时，采出程度曲线出现拐点，之后继续增大产液量，采出程度基本保持不变。综上所述，单井吞吐注气的最优产液量为 350m³/d。

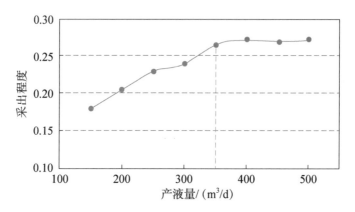

图 6-48 单井吞吐不同产液量下采出程度变化曲线

4. 水气交替开发方式参数优化

1）水气交替段塞比优化

为了研究段塞比对水气交替效果的影响规律，设计段塞比为 1∶3、1∶2、1∶1、2∶1、3∶1 5 种方案，结果如图 6-49 所示。从图 6-49 可以看出，随段塞比增加，最终采收率先增加后减小，在段塞比为 1∶1 时最终采收率达到最大值。因此，水气交替时，优选出合理段塞比为 1∶1。

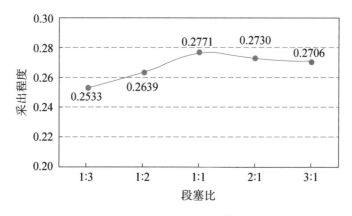

图 6-49 水气交替不同段塞比下的最终采出程度变化曲线

2）水气交替段塞尺寸优化

为了研究段塞大小对水气交替效果的影响规律，设计注气时间分别为 3 个月、6个月、9个月、12个月四种方案，结果如图6-50所示。根据图6-50可知，在段塞比相同条件下，随着注气时间增加，段塞尺寸增大，采出程度先增加后略微降低。考虑现场实际情况，开发方式不能频繁调整，因此优选的合理段塞尺寸为0.015PV（注气时间约为6个月）。

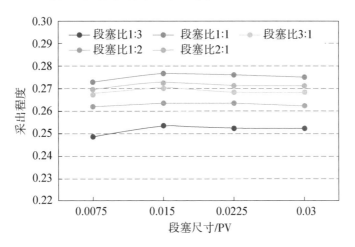

图6-50 水气交替不同段塞大小下的最终采出程度变化曲线

四、低压力保持水平碳酸盐岩油藏注气开发方案优选

根据之前对注气开发参数优化的结果，针对D油藏提出了五种开发方案，即持续注水方案（基础方案）、连续注气方案、间歇注气方案、单井吞吐注气方案和水气交替方案。各方案的开发参数见表6-6至表6-10。

（1）方案一：持续注水方案（基础方案）。

表6-6 方案一开发参数设计

参 数	数值	参 数	数值
生产气油比上限/(m³/m³)	3500	注水速度/(m³/d)	160
注入压力/MPa	35	产液量/(m³/d)	160
生产井井底流压/MPa	12		

（2）方案二：连续注气方案。

表6-7 方案二开发参数设计

参 数	数值	参 数	数值
生产气油比上限/(m³/m³)	3500	注气速度/(10⁴m³/d)	30
注入压力/MPa	35	产液量/(m³/d)	350
生产井井底流压/MPa	12		

（3）方案三：间歇注气方案。

表 6-8　方案三开发参数设计

参　　数	数值	参　　数	数值
生产气油比上限/（m³/m³）	3500	产液量/（m³/d）	350
注入压力/MPa	35	注气时间/月	6
生产井井底流压/MPa	12	停注时间/月	2
注气速度/（10⁴m³/d）	40		

（4）方案四：单井吞吐注气方案。

表 6-9　方案四开发参数设计

参　　数	数值	参　　数	数值
生产气油比上限/（m³/m³）	3500	产液量/（m³/d）	350
注入压力/MPa	35	注气时间/月	6
生产井井底流压/MPa	12	焖井时间/d	10
注气速度/（10⁴m³/d）	40	生产时间/月	6

（5）方案五：水气交替方案。

表 6-10　方案五开发参数设计

参　　数	数值	参　　数	数值
生产气油比上限/（m³/m³）	3500	产液量/（m³/d）	350
注入压力/MPa	35	注气时间/月	6
生产井井底流压/MPa	12	段塞比	1:1
注气速度/（10⁴m³/d）	35		

从图 6-51 可以看出，方案一的地层压力不断减小，其他 4 个注气方案地层压力都在上升。方案三的地层压力有所上升，方案四的地层压力先迅速上升后保持稳定，后期地层压力下降较快，方案二地层压力先迅速上升后保持稳定，方案五地层压力稳步上升，而后保持稳定。同时，从图 6-52 可以看出，连续注气采收率最高，间歇注气次之。因此，连续注气开发方案为最优方案。

五、低压力保持水平碳酸盐岩油藏开发指标预测和评价

以优化的连续注气开发参数对低压力保持水平碳酸盐岩油藏开发指标进行预测，预测结果见表 6-11 和图 6-53 至图 6-56。

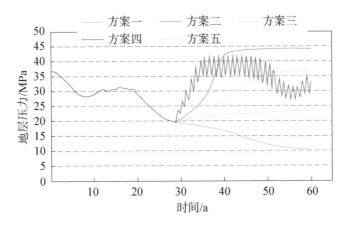

图 6-51　不同开发方案地层压力变化曲线

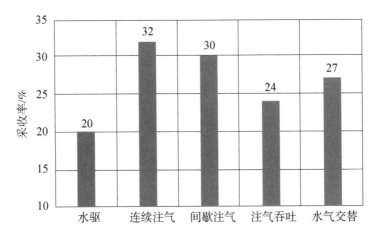

图 6-52　不同开发方案采收率对比

表 6-11　连续注气开发指标预测

时间/ a	累计产油量/ （$10^4 m^3$）	累计产水量/ （$10^4 m^3$）	累计产气量/ （$10^9 m^3$）	累计注气量/ （$10^9 m^3$）	采出程度	地层压力/ MPa
0	0.00	0.00	0.00	0.00	0.00	36.77
1	1.29	0.00	0.00	0.00	0.00	36.15
2	3.49	0.01	0.01	0.00	0.00	35.09
3	6.08	0.01	0.01	0.00	0.01	33.85
4	9.70	0.02	0.02	0.00	0.01	32.11
5	13.48	0.03	0.03	0.00	0.01	30.28
6	17.28	0.04	0.03	0.00	0.02	28.97
7	20.65	0.05	0.04	0.00	0.02	28.51
8	24.06	0.06	0.05	0.00	0.03	28.30
9	26.68	0.07	0.06	0.00	0.03	28.34
10	28.64	0.07	0.06	0.00	0.03	29.21

时间/ a	累计产油量/ ($10^4 m^3$)	累计产水量/ ($10^4 m^3$)	累计产气量/ ($10^9 m^3$)	累计注气量/ ($10^9 m^3$)	采出程度	地层压力/ MPa
11	30.28	0.08	0.07	0.00	0.03	30.32
12	31.66	0.08	0.07	0.00	0.03	30.74
13	33.55	0.09	0.07	0.00	0.04	30.46
14	35.08	0.09	0.07	0.00	0.04	30.65
15	36.53	0.10	0.08	0.00	0.04	30.97
16	39.11	0.10	0.08	0.00	0.04	30.78
17	41.27	0.11	0.09	0.00	0.04	30.65
18	43.63	0.11	0.09	0.00	0.05	30.63
19	47.38	0.12	0.10	0.00	0.05	29.78
20	53.81	0.15	0.12	0.00	0.06	28.23
21	65.13	0.20	0.17	0.00	0.07	26.15
22	73.54	0.29	0.23	0.00	0.08	24.72
23	80.21	0.65	0.28	0.00	0.09	23.65
24	86.27	1.21	0.34	0.00	0.09	22.57
25	91.49	1.80	0.38	0.00	0.10	21.54
26	95.81	2.36	0.41	0.00	0.10	20.79
27	99.55	3.00	0.44	0.00	0.11	20.19
28	102.92	3.73	0.46	0.00	0.11	19.68
29	109.94	4.27	0.50	0.08	0.12	21.94
30	119.54	4.74	0.56	0.19	0.13	23.23
31	128.41	5.06	0.62	0.30	0.14	24.56
32	136.30	5.41	0.69	0.41	0.15	26.07
33	143.65	5.76	0.75	0.51	0.16	28.93
34	151.44	6.16	0.82	0.62	0.16	31.28
35	160.01	6.60	0.89	0.73	0.17	32.49
36	168.60	7.08	0.97	0.84	0.18	32.89
37	176.68	7.59	1.06	0.95	0.19	32.86
38	184.14	8.12	1.15	1.05	0.20	32.87
39	191.18	8.66	1.24	1.16	0.21	32.80
40	197.94	9.23	1.33	1.27	0.21	32.68
41	204.48	9.80	1.43	1.38	0.22	32.45
42	210.68	10.37	1.51	1.49	0.23	32.49
43	216.68	10.93	1.61	1.59	0.23	32.63
44	222.54	11.51	1.70	1.70	0.24	32.56
45	228.25	12.09	1.79	1.81	0.25	32.41

续表

时间/ a	累计产油量/ ($10^4 m^3$)	累计产水量/ ($10^4 m^3$)	累计产气量/ ($10^9 m^3$)	累计注气量/ ($10^9 m^3$)	采出程度	地层压力/ MPa
46	233.81	12.67	1.89	1.92	0.25	32.21
47	239.24	13.25	1.99	2.03	0.26	31.97
48	244.53	13.83	2.08	2.13	0.26	31.70
49	249.62	14.39	2.18	2.24	0.27	31.39
50	254.53	14.95	2.28	2.35	0.28	31.05
51	259.26	15.50	2.38	2.46	0.28	30.71
52	263.14	16.02	2.45	2.57	0.28	32.19
53	267.37	16.58	2.54	2.67	0.29	33.45
54	271.70	17.16	2.63	2.78	0.29	34.17
55	275.26	17.70	2.69	2.89	0.30	38.15
56	279.14	18.29	2.75	3.00	0.30	41.62
57	283.18	18.90	2.82	3.08	0.31	42.26
58	287.25	19.50	2.90	3.17	0.31	42.51
59	291.34	20.09	2.98	3.26	0.32	42.62
60	295.77	20.71	3.07	3.37	0.32	42.67

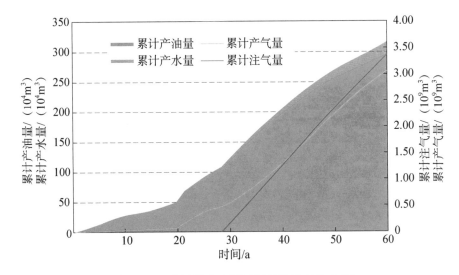

图 6-53　连续注气开发指标预测变化曲线

从图 6-53 可知，油藏开始注气后，产油量大幅度增加，注气开发 15 年后的累计产油量为注水开发阶段末期的两倍；随后，由于生产末期达到生产气油比的控制上限，部分生产井关井，累计产油量的增长幅度开始变缓。在注气开发阶段，产气量迅速增加，生产末期累计产气量为累计注气量的 86%；在整个开发阶段，产水量比较低。

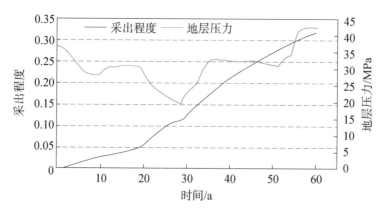

图 6-54　连续注气采出程度与地层压力曲线对比

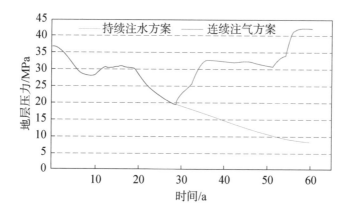

图 6-55　持续注水与连续注气地层压力对比

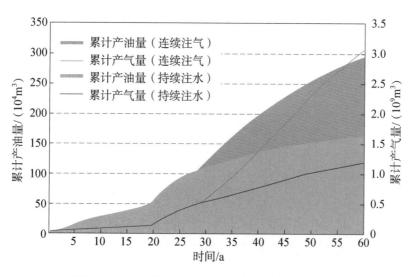

图 6-56　持续注水与连续注气生产参数对比

从图 6-54 可知，开始注气后地层能量得到补充，地层压力迅速增加，采收率也随之增加。由图 6-55 可知，D 油藏的低孔隙度低渗透特征导致注水困难，地层压力衰竭严重，而连续注气能更好地补充地层能量，使油藏压力维持在一个较高的水平。从图 6-56 可知，注水开发的最终累计产油量为 $162.26 \times 10^4 \mathrm{m}^3$，而连续注气的最终累计产油量为 $295.77 \times 10^4 \mathrm{m}^3$，远高于注水开发。注水开发的采收率为 17.57%，注气开发的采收率为 32.02%，是注水开发采收率的 1.82 倍。因此，连续注气开发能有效提高采收率并获得较好的开发效果。

参 考 文 献

[1] Koottungal L. 2012 worldwide EOR survey [J]. Oil and Gas Journal, 2012, 110(4): 57-69.

[2] 王建海, 李娣, 曾文广, 等. 塔河缝洞型油藏注氮气工艺参数优化研究 [J]. 断块油气田, 2015, 22(4): 538-541.

[3] 杨振骄. 混相驱油机理研究及应用前景展望[J]. 油气采收率技术, 1998, 5(1): 69-74.

[4] 李菊花, 李相方, 刘斌, 等. 注气近混相驱油藏开发理论进展[J]. 天然气工业, 2006, 25(2): 108-110.

[5] 李孟涛, 单文文, 刘先贵, 等. 超临界二氧化碳混相驱油机理实验研究[J]. 石油学报, 2006, 27(3): 80-83.

[6] 孙扬, 杜志敏, 孙雷, 等. 注 CO_2 前置段塞+N_2 顶替提高采收率机理[J]. 西南石油大学学报: 自然科学版, 2012, 34(3): 89-97.

[7] 陈晓军, 史华, 成伟, 等. 扎尔则油田注烃气混相驱机理研究[J]. 油气地质与采收率, 2012, 19(3): 74-77.

[8] Adepoju O O, Lake L W, Johns R T. Investigation of anisotropic mixing in miscible displacements [J]. SPE Res Eval & Eng, 2013, 16 (1): 85-96.

[9] Ghulami M R, Sasaki K, Sugai Y, et al. Numerical simulation study on gas miscibility of an oil field located in afghanistan [C]. The 21st Formation Evaluation Symposium of Japan, 2015.

[10] 胡蓉蓉, 姚军, 孙致学, 等. 塔河油田缝洞型碳酸盐岩油藏注气驱油提高采收率机理研究[J]. 西安石油大学学报: 自然科学版, 2015, 30(2): 49-59.

[11] 林仁义, 孙雷, 梁宇, 等. 裂缝型变质岩油藏注气驱机理及驱替效率实验研究 [J]. 油气藏评价与开发, 2015, 5(2): 28-41.

[12] Tovar F D, Barrufet M A, Schechter D S. Gas injection for EOR in organic rich shales. part II: mechanisms of recovery [C]//Proceeding of Unconventional Resources Technology Conference held in Houston, Texas, USA, 2018.

[13] Srivastava. Effect of pressure gradient on displacement performance for miscible/near miscible gas flooding[D]. Stanford: Stanford University, 2004.

[14] 计秉玉, 王凤兰, 何应付, 等. 对 CO_2 驱油过程中油气混相特征的再认识[J]. 大庆石油地质与开发, 2009, 28(3): 103-109.

[15] 刘玉章, 陈兴隆. 低渗油藏 CO_2 驱油混相条件的探讨[J]. 石油勘探与开发, 2010, 37(4): 466-470.

[16] 吴忠宝, 甘俊奇, 曾倩. 低渗透油藏二氧化碳混相驱油机理数值模拟[J]. 油气地质与采收率, 2012, 19(3): 67-70.

[17] 李南, 田冀, 任仲瑛, 等. 低渗透油藏 CO_2 混相区域波及规律研究[J]. 油气井测试, 2014, 23(4): 1-8.

[18] 王锐，吕成远，伦增珉，等. 低渗透油藏 CO_2 驱替过程中的混相特征实验研究[J]. 陕西科技大学学报，2015，33(3)：105-108.

[19] Habermann B. The efficiency of miscible displacement as function of mobility ratio[J]. SPE，1960.

[20] Koval E J. A method for predicting the performance of unstable miscible displacement in heterogeneous media[J]. SPE J，1963，3(2)：145-154.

[21] Baker R O. Estimation of volumetric sweep efficiency of a miscible flood[J]. Journal of Canadian Petroleum Technology，1998，37(2)：40-46.

[22] 沈平平，袁士义，邓宝荣，等. 非均质油藏化学驱波及效率和驱替效率的作用[J]. 石油学报，2004，25(5)：54-59.

[23] Taheri A，Sajjadian V. WAG performance in a low porosity and low-permeability reservoir，sirri-a field，Iran[C]// SPE 100212-MS，2006.

[24] Lewis E，Dao E K，Mohanty K K. Sweep efficiency of miscible floods in a high-pressure quarter-five-spot model[J]. SPE J，2008，13(4)：432-439.

[25] 李友全，阎燕，于伟杰. 利用试井技术确定低渗透油藏 CO_2 驱替前缘的方法[J]. 油气采收率技术，2020，27(1)：120-125.

[26] 姜俊帅，刘庆杰，王家禄. 致密油藏二氧化碳吞吐有效作用半径计算方法[J]. 科学技术与工程，2020，20(6)：2216-2222.

[27] Ferno M A，Gauteplass J，Pancharoen M，et al. Experimental study of foam generation，sweep efficiency，and flow in a fracture network[J]. SPE J，2000.

[28] 郭平，袁恒璐. 碳酸盐岩缝洞型油藏气驱机制微观可视化模型试验[J]. 中国石油大学学报：自然科学版，2012，36(1)：89-93.

[29] 袁飞宇，梅胜文，张栋，等. 缝洞型定容油藏多周期注氮替油加大注气量开发研究论证[J]. 新疆石油天然气，2017，13(1)：68-71.

[30] 刘中云，赵海洋，王建海，等. 塔河油田溶洞型碳酸盐岩油藏注入氮气垂向分异速度及横向波及范围研究[J]. 石油钻探技术，2019，47(4)：75-82.

[31] 郑泽宇，朱倘仟，侯吉瑞，等. 碳酸盐岩缝洞型油藏注氮气驱后剩余油可视化研究[J]. 油气地质与采收率，2016，23(2)：94-97.

[32] 赵凤兰，席园园，侯吉瑞，等. 缝洞型碳酸盐岩油藏注气吞吐生产动态及注入介质优选[J]. 油田化学，2017，34(3)：469-474.

[33] 程杰成，雷友忠，朱维耀. 大庆长垣外围特低渗透扶余油层 CO_2 驱油试验研究[J]. 天然气地球科学，2008，19(3)：402-409.

[34] 吴颉衡. 缝洞型碳酸盐岩油藏气窜规律及流动机理研究[D]. 北京：中国石油大学(北京)，2016.

[35] 朱玉新，李保柱，宋文杰，等. 利用图版判别凝析气藏气窜的方法探讨[J]. 油气地质与采收率，2004，11(6)：53-55.

[36] 魏旭光. 富气混相驱气窜界定方法及其在阿尔及利亚某油田的应用[J]. 油气地质与采

收率，2012，19（1）：75-78.

［37］李绍杰．低渗透滩坝砂油藏 CO_2 近混相驱生产特征及气窜规律［J］．大庆石油地质与开发，2016，35（2）：110-115.

［38］Feng Q H, Wang S, Gao G Q, et al. A new approach to thief zone identification based on interferencetest［J］. Journal of Petroleum Science & Engineering, 2010, 75（1-2）：13-18.

［39］Calhoun J C . Fundamentals of reservoir engineering［M］. University of Oklahoma Press, 1976.

［40］Brigham W E, Smith D H . Prediction of tracer behavior in five-spot flow［C］. SPE 1130-MS, 1965.

［41］李淑霞，陈月明．示踪剂产出曲线的形态特征［J］．油气地质与采收率，2002，9（2）：66-67.

［42］冯其红，李淑霞．井间示踪剂产出曲线自动拟合方法［J］．石油勘探与开发，2005，32（5）：121-124.

［43］杨红，赵习森，陈龙龙，等．气相示踪技术在延长油田特低渗透油藏 CO_2 驱中的应用［J］．中国矿业，2019，28（9）：148-152.

［44］Al-Saedi H N, Flori R E . Novel coupling smart water-CO_2 flooding for sandstone reservoirs ［J］. Petrophysics, 2019（4）：525-535.

［45］白宝君，周佳，印鸣飞．聚丙烯酰胺类聚合物凝胶改善水驱波及技术现状及展望［J］．石油勘探与开发，2015，42（4）：481-487.

［46］陈祖华，汤勇，王海妹，等．CO_2 驱开发后期防气窜综合治理方法研究［J］．岩性油气藏，2014，26（5）：102-106.

［47］王建勇，王思宇，赵思琪，等．赵凹油田高温油藏冻胶泡沫调驱体系的研制及性能评价［J］．油气地质与采收率，2013，20（4）：57-61.

［48］胡永乐，郝明强，陈国利．注二氧化碳提高石油采收率技术［M］．北京：石油工业出版社，2018.

［49］Zhou X, Yuan Q W, Zhang Y Z, et al. Performance evaluation of CO_2 flooding process in tight oil reservoir via experimental and numerical simulation studies［J］. Fuel, 2019, 236：730-746.

［50］王高峰，雷友忠，谭俊领，等．低渗透油藏气驱注采比和注气量设计［J］．油气地质与采收率，2020，27（1）：134-139.

［51］Stalkup F I . Status of miscible displacement［J］. Journal of Petroleum Technology, 1983, 35（4）：815-826.

［52］Christiansen R L, Haines H K. Rapid measurement of minimum miscibility pressure with the rising bubble apparatus［C］. SPE 13114-PA, 1984.

［53］Elsharkawy A M, Pqettmann F H , Christiansen R L. Measuring minimum miscibility pressure：slim-tube or rising-bubble method［C］. SPE 24114-MS, 1992.

［54］Zhou D E, Orr F M. Analysis of rising-bubble experiments to determine minimum miscibility pressure［C］. SPE 30786-PA, 1995.

［55］ Harmon R A, Grigg R A. Vapor density measurement for estimating minimum miscibility pressure［J］. SPE Reservoir Engineering, 1986, 3(4): 1215-1220.

［56］ 郭平. 油藏注气最小混相压力研究［M］. 北京：石油工业出版社, 2005.

［57］ Benham A L, Dowden W E, Kunzman W J. Miscible fluid displacement-prediction of miscibility［J］. Society of Petroleum Engineers, 1960, 10: 229-237.

［58］ Orr F M, Dindoruk B, Johns R T. Theory of multicomponent gas/oil displacements［J］. International Journal of Multiphase Flow, 1995, 22(8): 113-113(1).

［59］ Yelling W F, Metcalfe R S. Determination and prediction of CO_2 minimum miscibility pressure［J］. Journal of Petroleum Technology, 1980, 32(1): 160-168.

［60］ Johns R T, Sah P, Solano R. Effect of dispersion on local displacement efficiency for multicomponent enriched-gas floods above the minimum miscibility enrichment［C］. SPE 75806-PA, 2002.

［61］ Ahmed T H. Prediction of CO_2 minimum miscibility pressure［C］. 1994.

［62］ Johns R T, Dindoruk B, Orr F M. Analytical theory of combined condensing/vaporizing gas drives［J］. SPE Advanced Technology, 1993, 1(2): 7-16.

［63］ Johns R T, Orr F M. Miscible gas displacement of multicomponent oils［J］. SPE J, 1996, 1(1): 39-50.

［64］ Wang Y, Orr F M. Analytical calculation of minimum miscibility pressure［J］. Fluid Phase Equilibria, 1997, 139(1-2): 101-124.

［65］ Jesson K, Michelsen M L, Stenby E H. Global approach for calculation of minimum miscibility pressure［J］. Fluid Phase Equilibria, 1998, 153(2): 251-263.

［66］ Yuan H, Johns R T. Simplified method for calculation of minimum mscibility pressure or enrichment［C］. SPE 77381-PA, 2005.

［67］ Hutchinson C A, Dodge C F, Polasek T L. Identification, classification and prediction of reservoir nonuniformities affecting production operations［J］. Journal of Petroleum Technology, 1961, 13(3): 223-230.

［68］ Cook A B, Walker C J, Spencer G B. Realistic K values of C_{7+} hydrocarbons for calculating oil vaporization during gas cycling at high pressures［J］. Journal of Petroleum Technology, 1969, 21(7): 901-915.

［69］ Metcalfe R S, Fussell D D, Shelton J L. A multicell equilibrium separation model for the study of multiple contact miscibility in rich-gas drives［C］. SPE 3995-PA, 1973.

［70］ Pederson K S, Fjellerup J, Thomassen P, et al. Studies of gas injected into oil reserves by a cell-to-cell simulation model［C］. SPE 15599-MS, 1986.

［71］ Clancy M, Stewart G, Thomson A, et al. Optimized compositional models for simulation of EOR process［C］//3rd European Meeting on Improved Oil Recovery, Rome, 1986.

［72］ Lake W L. Enhanced oil recovery［M］. Prentice-Hall, Englewood Cliffs, New Jersey, 1989.

［73］ Jessen F, Michelsen M L. Calculation of first contact and multiple contact minimum miscibility pressure [J]. Oil-Coal-Shale-Minerals, 1990, 14 (1)：1-17.

[74] Neau E, Avaullée L, Jaubert J N . A new algorithm for enhanced oil recovery calculations [J]. Fluid Phase Equilibria, 1996, 117(1-2)：265-272.

[75] Ahmadi K, Johns R T . Multiple-mixing-cell method for MMP calculations [J]. SPE J, 2011, 16(4)：733-742.

[76] Whitson C H, Michelsen M L . The negative flash [J]. Fluid Phase Equilibria, 1989, 53：51-71.

[77] Yellig W F, Metcalfe R S . Determination and prediction of CO_2 minimum miscibility pressures (includes associated paper 8876) [J]. Journal of Petroleum Technology, 1980, 32(1)：160-168.

[78] Glaso. Miscible displacement：recovery tests with nitrogen [J]. SPE Reservoir Engineering, 1990.

[79] Alston R B, Kokolis G P, James C F. CO_2 minimum miscibility pressure：a correlation for impure CO_2 streams and live oil systems [J]. SPE J, 1985：268-274.

[80] Yuan H, Johns R T, Egwuenu A M, et al. Improved MMP correlations for CO_2 floods using analytical gas flooding theory [C]. SPE 89359-PA, 2005.

[81] Firoozabadi A, Khalid A. Analysis and correlation of nitrogen and lean-gas miscibility pressure [J]. SPE Reservoir Engineering, 1986：575-582.

[82] Kuo S S. Prediction of miscibility for the enriched-gas drive process [C]. 1985, SPE 14152-MS, 1985.

[83] Sebastian H M, Wenger R S, Renner T A. Correlation of minimum miscibility pressure for impure CO_2 streams [J]. Journal of Petroleum Technology, 1985, 37(11)：2076-2082.

[84] Ahmadi K, Johns R T, Mogensen K, et al. Limitations of current method-of-characteristics (MOC) methods using shock-jump approximations to predict MMPs for complex gas/oil displacements [J]. SPE J, 2011, 16(4)：743-750.

[85] 李士伦, 张正卿. 注气提高石油采收率技术 [M]. 成都：四川科学技术出版社, 2001.

[86] 高振环, 刘蟒, 杜兴家. 油田注气开采技术 [M]. 北京：石油工业出版社, 1994.